Lecture Notes in Mathematics

A collection of informal reports and seminars
Edited by A. Dold, Heidelberg and B. Eckmann, Zürich

176

Herbert Popp

Purdue University, Lafayette, IN / USA

Fundamentalgruppen algebraischer Mannigfaltigkeiten

Springer-Verlag
Berlin · Heidelberg · New York 1970

ISBN 3-540-05324-7 Springer-Verlag Berlin · Heidelberg · New York
ISBN 0-387-05324-7 Springer-Verlag New York · Heidelberg · Berlin

AMS Classification No. 1400

Offsetdruck: Julius Beltz, Weinheim/Bergstr.

Vorwort

Diese Vorlesungsausarbeitung geht auf Vorlesungen zurück, welche ich im Sommer 1969 an der Universität Heidelberg und im Sommer 1970 an der Universität von British Columbia in Vancouver gehalten habe. Ich habe mich damals mit Zariski's Arbeiten über Fundamentalgruppen beschäftigt und habe in den Vorlesungen versucht, einen Überblick über die Ansätze zu geben, die gemacht worden sind, diese Arbeiten mit algebraischen Methoden zu verstehen.
Längst nicht alle der Ergebnisse und Probleme aus diesen Arbeiten von Zariski sind algebraisch bearbeitet worden. Es gibt dort noch viele bemerkenswerte offene Fragen. An diese heranzuführen ist das Ziel der Vorlesungsausarbeitung.

Herrn Professor Abhyankar bin ich für viele anregende Gespräche sehr zu Dank verpflichtet. Vor allem habe ich auf einige Vorträge hinzuweisen, welche Herr Abhyankar in einem Seminar an der Purdue Universität über Fundamentalgruppen gehalten hat; diese haben mein Verständnis für Fundamentalgruppen sehr gefördert.

<u>Inhaltsverzeichnis</u>

Erste Vorlesung

DIE FUNDAMENTALGRUPPE NORMALER SCHEMATA. DER KLASSISCHE FALL.

In dieser Vorlesung werden, teilweise ohne Beweis, die wichtigsten Dinge über Überlagerungen und die Fundamentalgruppe normaler Schemata zusammengestellt. Weiter wird der Zusammenhang mit der klassischen Theorie behandelt.

Etale Überlagerungen, die Fundamentalgruppe eines irreduziblen, normalen Schemas.

$X, X', \ldots$ seien, wenn nichts anderes gesagt ist, reduzierte, noethersche Schemata. Die auftretenden Morphismen $f': X' \longrightarrow X$ seien von endlichem Typ. O_X bezeichnet die Strukturgarben von X. Ist P ein Punkt von X, so bezeichnet O_P den lokalen Ring von P auf X und m_P das maximale Ideal von O_P. $k(P)$ bezeichnet den Restklassenkörper von P. Ist X irreduzibel, so sei $F(X)$ der Funktionenkörper von X.

(1.1) Definition: Ein Morphismus $f': X' \longrightarrow X$ heisst unverzweigt im Punkte $P' \in X'$, wenn

1. $m_{f'(P')} O_{P'} = m_{P'}$ und
2. $k(P')/k(f'(P'))$ eine separable Körpererweiterung ist.

(1.2) Definition: Ein Morphismus $f': X' \longrightarrow X$ heisst etal im Punkte $P' \in X'$, wenn f' unverzweigt und flach in P' ist. Das letztere bedeutet, dass $O_{P'}$ ein flacher $O_{f'(P')}$-Modul ist, dabei ist die Modulstruktur auf $O_{P'}$ durch den Morphismus f' induziert.

(1.3) Definition: Ein Morphismus $f': X' \longrightarrow X$ heisst unverzweigt bzw. etal, wenn er unverzweigt bzw. etal in jedem Punkt $P' \in X'$ ist.

(1.4) Definition: Ein Schema X', zusammen mit einem Morphismus $f': X' \longrightarrow X$, nennen wir eine Überlagerung von X, wenn die folgenden zwei Bedingungen erfüllt sind:

1. Der Morphismus f' ist surjektiv.
2. f' ist endlich, d.h. für jede offene, affine Teilmenge $U = \text{Spec}(A)$ von X ist $(f')^{-1}(U) = \text{Spec}(B)$ affin und B ist ein über A endlich erzeugter Modul.

(1.5) Definition: Eine Überlagerung $f':X' \longrightarrow X$ heisst eine normale (bzw. zusammenhängende) Überlagerung, wenn X' als Schema normal (bzw. zusammenhängend) ist.

(1.6) Definition: Sind X und X' irreduzibel und ist $f':X' \longrightarrow X$ eine Überlagerung von X, so induziert f' eine Einbettung des Körpers F(X) in den Körper F(X'). Der Grad der Körpererweiterung F(X')/F(X) heisst dann der Grad der Überlagerung $X' \xrightarrow{f'} X$.

(1.7) Definition: Ein Schema X' und ein Morphismus $f':X' \longrightarrow X$ heisst eine etale (bzw. unverzweigte) Überlagerung von X, wenn $f':X' \longrightarrow X$ eine Überlagerung und f' etal (bzw. unverzweigt) ist.
Die wichtigsten Eigenschaften etaler Überlagerungen findet man in [17], I, S. 4ff, zusammengestellt. Für etale Überlagerungen irreduzibler, normaler noetherscher Schemata sind einige dieser Eigenschaften in Proposition (1.15) angegeben.

Das folgende wichtige Resultat wird hier ohne Beweis benutzt. Ein Beweis findet sich in [17], I, S.17ff; vgl. insbesondere Korollar 9.11.

(1.8) Proposition: Ist das reduzierte Schema X irreduzibel und normal, so ist jede unverzweigte, zusammenhängende Überlagerung $f':X' \longrightarrow X$ flach und also auch etal. Weiter ist dann X' normal und irreduzibel.

Beachtet man, dass ein endlicher Morphismus eigentlich (proper) ist, so ergibt sich aus Proposition (1.8) mit Hilfe des Hauptsatzes von Zariski über birationale Abbildung (vgl. [19], III, S.135) folgendes:

Ist X irreduzibel und normal, so ist jede irreduzible, unverzweigte Überlagerung X' von X isomorph zur Normalisierung des Schemas X im Funktionenkörper F(X') von X'.

Man hat daher, wenn X irreduzibel und normal ist:

<u>(1.9) Satz:</u> Die endlichen Körpererweiterungen F' von $F(X)$ mit der Eigenschaft, die Normalisierung X' von X in $F(X')$ ist unverzweigt über X, und die etalen und zusammenhängenden (irreduziblen) Überlagerungen von X entsprechen sich eineindeutig. (Vgl. [17], I, S.21.)

Diese Beziehung beschreiben wir etwas anders:
Die irreduziblen, etalen Überlagerungen $f': X' \longrightarrow X$ von X bilden eine Kategorie $\mathcal{E}t(X)$ mit etalen Überlagerungsabbildungen als Morphismen.
Ω sei ein fester, algebraisch abgeschlossener Erweiterungskörper des Funktionenkörpers $F(X)$ von X. Die endlichen (separablen) Erweiterungskörper F' von F, welche in Ω enthalten sind und die Eigenschaft haben, dass die Normalisierung X' von X in F' über X unverzweigt ist, bilden in natürlicher Weise eine Kategorie $\mathfrak{K}(X)$, welche u.a. die Eigenschaft hat, dass mit zwei Körpern auch das Kompositum dieser Körper darin liegt und mit jedem Körper F' auch der galoissche Abschluss von F' über $F(X)$. Das letztere ergibt sich sofort aus Proposition (1.15). Die durch Satz (1.9) angegebene Beziehung zwischen den irreduziblen, etalen Überlagerungen X' von X und den Körpererweiterungen $F(X')$ von $F(X)$ kann dann auch wie folgt beschrieben werden:

Ist X normal und irreduzibel, so ergibt die Zuordnung

$$X' \longmapsto F(X') = \text{Funktionenkörper von } X'$$

eine Äquivalenz der Kategorien $\mathcal{E}t(X)$ und $\mathfrak{K}(X)$.
Es sei nun $L_{\mathfrak{K}}$ das Kompositum in Ω der Körper aus $\mathfrak{K}(X)$. Da mit $F' \in \mathfrak{K}(X)$ auch die galoissche Hülle von $F'/F(X)$ in $\mathfrak{K}(X)$ enthalten ist folgt, dass die Erweiterung $L_{\mathfrak{K}}/F(X)$ galoissch ist.

<u>(1.10) Definition:</u> Die Galoisgruppe der galoisschen Körpererweiterung $L_{\mathfrak{K}}/F(X)$ nennen wir die <u>Fundamentalgruppe</u> von X und bezeichnen sie mit $\pi_1(X)$.

$\pi_1(X)$ ist eine profinite Gruppe, welche wegen der Äquivalenz der Kategorien

$\mathcal{E}t(X)$ und $\mathfrak{K}(X)$ und wegen der Galoistheorie unendlicher Körpererweiterungen die Eigenschaft hat, dass die (offenen) Untergruppen von $\pi_1(X)$ von endlichem Index und die Überlagerungen $X' \in \mathcal{E}t(X)$ sich funktoriell eineindeutig entsprechen.

Ist p eine Primzahl, so bezeichnet G_p diejenige abgeschlossene Untergruppe von $\pi_1(X)$, welche von den p-Sylowgruppen erzeugt wird. Mit $\pi_1^{(p)}(X) = \pi_1(X)/G_p$ wird die Faktorgruppe von $\pi_1(X)$ nach G_p bezeichnet.

Dann gilt: Die normalen Untergruppen von $\pi_1^{(p)}(X)$ von endlichem Index und die galoisschen, unverzweigten, irreduziblen Überlagerungen von X von einem Grad prim zu p entsprechen sich eineindeutig. Die zu der Gruppe $\pi_1^{(p)}(X)$ gehörigen Überlagerungen von X bilden eine Teilkategorie von $\mathcal{E}t(X)$, welche wir mit $\mathcal{E}t^{(p)}(X)$ bezeichnen.

X sei wieder irreduzibel und normal. C sei ein abgeschlossenes, reduziertes Teilschema von X, verschieden von X. U = X-C sei das durch C in X definierte offene Teilschema. Dann gilt: Die irreduziblen, etalen Überlagerungen von U und die irreduziblen Überlagerungen von X, welche als Schema normal sind und welche nur entlang C verzweigt sind, entsprechen sich in funktorieller Weise wie folgt eineindeutig: Ist $U' \xrightarrow{f'} U$ eine irreduzible, etale Überlagerung von U, so ist die zugehörige Überlagerung von X gerade die Normalisierung von X im Funktionenkörper F(U') von U'. Diese ist höchstens über C verzweigt. Das bedeutet, dass $\pi_1(X-C)$ die Kategorie der über C verzweigten, irreduziblen und normalen Überlagerungen von X beschreibt. Diese Interpretation von $\pi_1(X-C)$ werden wir im folgenden des öfteren benutzen. Entsprechendes gilt für $\pi_1^{(p)}(X-C)$.

Aus der Definition der Fundamentalgruppe folgt sofort:

Sind X,Y irreduzible, normale Schemata mit $\pi_1(X)$ und $\pi_1(Y)$ als Fundamentalgruppen, so gilt: Jeder surjektive Homomorphismus $\phi^* : \pi_1(X) \longrightarrow \pi_1(Y)$ [ϕ^* ist ein Homomorphismus im Sinne profiniter Gruppen] induziert einen Morphismus $\phi : \mathcal{E}t(Y) \longrightarrow \mathcal{E}t(X)$, welcher injektiv ist. Umgekehrt definiert auch jeder injektive

Morphismus $\phi : \mathfrak{E}(Y) \longrightarrow \mathfrak{E}(X)$ einen surjektiven Homomorphismus $\phi^* : \pi_1(X) \longrightarrow \pi_1(Y)$.

In den konkreten Situationen, welche wir in den folgenden Vorlesungen studieren, ist X meistens ein reduziertes, irreduzibles, projektives und normales Schema über einem algebraisch abgeschlossenen Körper k. Wir nennen ein solches Schema über k auch eine <u>projektive, normale Mannigfaltigkeit</u> über k. Ist C/k ein abgeschlossenes Teilschema von X/k, so heisst das offene Teilschema U = X-C von X eine <u>quasiprojektive, normale Mannigfaltigkeit</u> über k. Die Fundamentalgruppe $\pi_1(U)$ der Mannigfaltigkeit U/k ist dann nach den obigen Ausführungen die Galoisgruppe einer gewissen galoisschen Körpererweiterung von F(U) und die irreduziblen, etalen Überlagerungen von U sind gerade die Normalisierungen von U in den Körpern aus der Kategorie $\mathfrak{K}(U)$ mit den zugehörigen Überlagerungsabbildungen.

<u>(1.11) Bemerkung:</u> Wir hätten natürlich für eine quasiprojektive, normale Mannigfaltigkeit U/k die Fundamentalgruppe gleich durch die Definition (1.10), welche auf Abhyankar zurückgeht, einführen können, ohne den Begriff einer etalen Überlagerung auch nur zu erwähnen. Wir wollten auf den Zusammenhang mit der Grothendieck'schen Theorie der Fundamentalgruppen hinweisen. Nach dieser Theorie gibt es sogar für jedes zusammenhängende, lokal noethersche Preschema X eine Fundamentalgruppe $\pi_1(X)$. Diese Gruppe ist bis auf Isomorphie durch X eindeutig bestimmt und klassifiziert im Sinne der Galoistheorie die zusammenhängenden, etalen Überlagerungen von X. Will man beliebige, etale Überlagerungen von X im Sinne der Galoistheorie beschreiben, so hat man an Stelle von $\pi_1(X)$ die Kategorie der endlichen Mengen zu nehmen, auf welchen $\pi_1(X)$ stetig operiert. Dies wird hier nicht weiter diskutiert (vgl. [17], V, S.36, wegen genauerer Ausführungen); uns geht es nur darum festzuhalten, dass das Grothendieck'sche $\pi_1(X)$ für eine quasiprojektive, normale Mannigfaltigkeit mit der durch Zariski und Abhyankar bekannten Fundamentalgruppe übereinstimmt.

(1.12) Bemerkung: Wir wollen der Vollständigkeit wegen (ohne Beweis) noch angeben, wie die etalen Überlagerungen einer irreduziblen, normalen Mannigfaltigkeit aussehen, welche reduzibel sind. Die Beweise zu unseren Ausführungen finden sich in [17], I, S. 21. Es sei $F = F(X)$ der Funktionenkörper von X und $X' \longrightarrow X$ eine beliebige etale Überlagerung von X. $X_1',\ldots,X_r'$ seien die irreduziblen Komponenten von X' und $F_1',\ldots,F_r'$ die Funktionenkörper der Schemata X_i'. Dann gilt: Die Körper F_i' sind endliche separable Körpererweiterungen des Körpers F und X_i' ist die Normalisierung von X in F_i'. Ist L der Ring der rationalen Funktionen des Schemas X' (L ist eine endliche separable F-Algebra, welche isomorph ist zur direkten Summe $F_1' \oplus \cdots \oplus F_r'$ der separablen Körpererweiterungen F_i' von F), so ist also X' gerade die Normalisierung von X in der Algebra L.
Man sieht: Ist $\mathcal{A}(X)$ die Kategorie der endlichen separablen F-Algebren, in welchen die Normalisierung von X unverzweigt über X ist, so ist diese Kategorie äquivalent zu der Kategorie $\mathcal{E}t^*(X)$ aller (auch reduzible Überlagerungen sind zugelassen) etalen Überlagerungen von X, wobei die Äquivalenz durch den Funktor

$$L \rightsquigarrow \text{Normalisierung von } X \text{ in } L$$

gegeben wird.
Dies zeigt insbesondere, dass man alle etalen Überlagerungen eines irreduziblen, normalen Schemas X kennt, sobald man eine Übersicht über die irreduziblen, etalen Überlagerungen von X hat. Wir werden deshalb in den folgenden Vorlesungen immer versuchen, die irreduziblen, etalen Überlagerungen eines normalen Schemas X zu beschreiben. Aus technischen Gründen hat man natürlich manchmal beliebige, etale Überlagerungen zu betrachten.

Verzweigte Überlagerungen.

Es sei X wieder ein reduziertes, irreduzibles, noethersches und normales Schema.

<u>(1.13) Definition:</u> Ein Punkt $P \in X$ heisst <u>verzweigt</u> in der Überlagerung $f':X' \longrightarrow X$ von X, wenn nicht alle Punkte $P' \in X'$, welche über P liegen, unverzweigt sind.

Die Menge der Punkte von X, welche in $X' \xrightarrow{f'} X$ verzweigt sind, sind die Punkte eines abgeschlossenen Teilschemas Δ von X. Ist nämlich $\Omega^1_{X'/X}$ die Garbe der Differentialformen ersten Grades von X' relativ zu X, so ist der Träger Δ' von $\Omega^1_{X'/X}$ ein abgeschlossenes Teilschema von X', welches genau diejenigen Punkte von X' enthält, die in $X' \xrightarrow{f'} X$ verzweigt sind. Vgl. [19] IV, 17.4.1. Δ ist dann das Bild von Δ' bei der Abbildung f'. Wir nennen Δ den <u>Verzweigungsort</u> der Überlagerung $f':X' \longrightarrow X$.

Den Verzweigungsort Δ einer Überlagerung $f':X' \longrightarrow X$ kann man unter zusätzlichen Voraussetzungen über X' noch geeigneter beschreiben: Unter den obigen Voraussetzungen über X nehmen wir nun zusätzlich an, dass X' die Normalisierung von X in einer über $F(X) = F$ endlichen, separablen Algebra F' ist. (F' ist also die direkte Summe endlich vieler Körper F_i, welche alle endliche, separable Körpererweiterungen von F sind.) $f':X' \longrightarrow X$ sei die Überlagerungsabbildung. $S_{F'/F}$ sei die Spurabbildung der Erweiterung F'/F. $U = \mathrm{Spec}(A)$ sei ein offenes Teilschema von X und $f^{-1}(U) = U' = \mathrm{Spec}(A')$ das inverse Bild von U bei f. (A' ist der ganze Abschluss von A in F'.) $w_1,\dots,w_n$ sei eine Basis von F' über F, so dass $w_1,\dots,w_n \in A'$ ist. Dann ist $\det(S_{F'/F}(w_i w_j))$ ein Element aus A. Es sei ϑ das Ideal von A, welches von den Elementen $\det(S_{F'/F}(w_i w_j))$ erzeugt wird, wenn $(w_1,\dots,w_n)$ alle Basen von F'/F durchläuft mit $w_i \in A'$. ϑ nennt man das <u>Diskriminantenideal</u> der Überlagerung $U' \longrightarrow U$. Lässt man U über alle offenen, affinen Teilschemata von X variieren, so erhält man durch die obige Konstruktion eine Idealgarbe auf X, die <u>Diskriminantengarbe</u> ϑ der normalen Überlagerung $f':X' \longrightarrow X$. Diese charakterisiert die Verzweigungsmannigfaltigkeit von $f':X' \longrightarrow X$, es gilt:

<u>(1.14) Proposition:</u> Ein Punkt $P \in X$ ist genau dann in der Überlagerung $X' \xrightarrow{f'} X$

verzweigt, wenn er zum Träger der Garbe ϑ gehört. Der Verzweigungsort Δ der Überlagerung ist daher das durch ϑ bestimmte Teilschema von X.

Beachtet man die üblichen Formeln für die Spur, so ergeben die obigen Ausführungen sofort:

<u>(1.15) Proposition:</u> X sei ein irreduzibles, reduziertes (noethersches) und normales Schema mit Funktionenkörper F. (1) L sei eine endliche, separable Körperweiterung von F, so dass die Normalisierung X' von X in L etal über X ist. M sei eine endliche, separable Körpererweiterung von L, so dass die Normalisierung X" von X' in M über X' etal ist. Dann ist X" eine etale Überlagerung von X. (2) Es sei $g:Y \longrightarrow X$ eine irreduzible, normale Überlagerung von X. F' sei der Funktionenkörper von Y. L sei eine endliche, separable Körpererweiterung von F, so dass die Normalisierung von X in L über X unverzweigt ist. Dann ist die Normalisierung von Y in der separablen Algebra $L' = L\underset{F}{\otimes}F'$ unverzweigt über Y.

Aus Proposition (1.15) folgt weiter:

<u>(1.16) Korollar:</u> Ist X = Spec(A), Y = Spec(A'), so ist die Normalisierung von A' in der Algebra $L' = L\underset{F}{\otimes}F'$ gleich $\bar{A}\underset{A}{\otimes}A'$, wenn $\bar{A}$ der ganze Abschluss von A in L ist.

Nimmt man an Stelle des Tensorprodukts von F' und L ein Körperkompositum L_1' von F' und L , so folgt:

<u>(1.17) Korollar:</u> Unter den Voraussetzungen von Proposition (1.15) gilt: Die Normalisierung Y_1' von Y in L_1' ist über Y unverzweigt. Ist X = Spec(A) und Y = Spec(B), so gilt für den ganzen Abschluss $\bar{B}$ von B in L_1':

$$\bar{B} = A[\bar{A},B],$$

wobei $\bar{A}$ der ganze Abschluss von A in L ist.

Beweis: Man hat nur zu beachten, dass Y_1' eine irreduzible Komponente der Normalisierung von Y in der Algebra $L\underset{F}{\otimes}F' = L'$ ist und Proposition (1.15) zu benutzen.

Es gibt eine weitere Möglichkeit den Verzweigungsort zu charakterisieren. Einzelheiten findet man bei Krull [21] und bei Abhyankar [7], S.34.

Es sei X ein irreduzibles, normales Schema. F sei der Funktionenkörper von X und X' sei die Normalisierung von X in einer über F endlichen, separablen Algebra F' vom Grad n. $f':X' \longrightarrow X$ sei die Überlagerungsabbildung. Es sei C ein irreduzibles Teilschema von X. $f'^{-1}(C) = C_1' \cup \cdots\cdots \cup C_r'$ sei die Zerlegung des reduzierten, inversen Bildes von C in irreduzible Komponenten. ($f'^{-1}(C)$ ist also die reduzierte Faser des Morphismus f' über C.) $F(C_i')$ sei der Funktionenkörper von C_i'. Dann gilt:

<u>(1.18) Proposition:</u> Bezeichnet $[F(C_i'):F(C)]_s$ den Separabilitätsgrad der Körpererweiterung $F(C_i')/F(C)$, so ist

$$\sum_{i=1}^{r} [F(C_i') : F(C)]_s \leq n$$

und C ist genau dann in X' unverzweigt (genauer, der allgemeine Punkt von C ist unverzweigt), wenn

$$\sum_{i=1}^{r} [F(C_i') : F(C)]_s = n \qquad \text{ist.}$$

<u>(1.19) Korollar:</u> Ist X/k ein irreduzibles, normales k-Schema, k ein algebraisch abgeschlossener Körper, und ist $f':X' \longrightarrow X$ eine irreduzible (reduzierte), normale Überlagerung vom Grad n, so ist ein k-wertiger Punkt P von X genau dann unverzweigt in X', wenn in X über P genau n verschiedene Punkte liegen.

Wir wenden uns nun galoisschen Überlagerungen zu.
Es sei X wieder ein normales, irreduzibles (noethersches) und reduziertes Schema.

<u>(1.20) Definition:</u> Eine irreduzible, normale Überlagerung $X' \xrightarrow{f'} X$ von X heisst <u>galoissch</u>, wenn die Körpererweiterung F(X')/F(X) galoissch ist. (F(X') = Funktionenkörper von X'.)

Die Galoisgruppe G der Körpererweiterung F(X')/F(X) operiert dann auf X' und heisst deshalb auch die <u>Galoisgruppe der Überlagerung</u> $X' \xrightarrow{f'} X$.

Es sei C ein abgeschlossenes, reduziertes Teilschema von X. C' sei eine irreduzible Komponente des reduzierten Teilschemas $f'^{-1}(C)$ von X'. $(O'_{C'}, m_{C'})$ sei der lokale Ring von C' auf X'. Dann ist $I(C'/C) = \{\sigma \in G;\ \sigma x \equiv x \bmod m'_{C'},\ \forall x \in O'_{C'}\}$ eine Untergruppe von G, welche man die <u>Trägheitsgruppe</u> von C' in der galoisschen Überlagerung $X' \xrightarrow{f'} X$ nennt. Ist C" eine andere irreduzible Komponente von $f'^{-1}(C)$, so sind die Gruppen I(C"/C) und I(C'/C) in G konjugiert.

<u>(1.21) Definition:</u> Die Ordnung der Gruppe I(C'/C) heisst der <u>Verzweigungsindex</u> von C' über C. Wir sagen, die <u>galoissche</u> Überlagerung $X' \xrightarrow{f'} X$ sei <u>zahm verzweigt</u> über C, wenn die Ordnung von I(C'/C) prim zur Charakteristik des Funktionenkörpers von C' (das ist der Körper $O'_{C'}/m_{C'}$) ist. (Da die Trägheitsgruppen zu verschiedenen, irreduziblen Komponenten C' und C" von $f'^{-1}(C)$ konjugiert sind, ist die Definition unabhängig von C'.)

Aus Proposition (1.18) folgt, dass C' genau dann über C verzweigt ist, wenn die Gruppe I(C'/C) trivial ist. Weiter ist bekannt, dass I(C'/C) zyklisch ist, wenn C' von Kodimension 1 und in $X' \xrightarrow{f'} X$ zahm verzweigt ist. Vgl. [58], S.232, und beachte $(O'_{C'}, m_{C'})$ ist dann ein diskreter Bewertungsring vom Rang 1.

Wir stellen noch einige bekannte Tatsachen über Trägheitsgruppen zusammen, welche wir im folgenden des öfteren benutzen. Die Beweise zu den angegebenen Ergebnissen finden sich, wenn nicht durchgeführt, oder anders angegeben, in [7].

<u>(1.22) Lemma:</u> Es sei X/k eine irreduzible, reduzierte und normal quasiprojektive Mannigfaltigkeit über dem algebraisch abgeschlossenen Körper k. $X' \xrightarrow{f'} X$ sei eine galoissche Überlagerung von X mit Galoisgruppe G. P sei ein k-wertiger Punkt von X und P' ein Punkt von X', welcher über P liegt. Dann gilt: $I(P'/P) = \{\sigma \in G;\ \sigma(P') = P'\}$. Der Beweis folgt sofort aus [17], I, 7.

<u>(1.23) Lemma:</u> $X' \xrightarrow{f'} X$ sei wie oben eine galoissche Überlagerung von X. Die

Voraussetzungen über X sind wie in (1.22). C_1 und C_2 seien irreduzible, reduzierte Teilmannigfaltigkeiten von X und C_1 sei eine Teilmannigfaltigkeit von C_2. C_1' bzw. C_2' seien irreduzible Komponenten von $f'^{-1}(C_1)$ bzw. $f'^{-1}(C_2)$, so dass C_1' Teilmannigfaltigkeit von C_2' ist. (Man kann das immer so einrichten.) Dann gilt: $I(C_2'/C_2) \subseteq I(C_1'/C_1)$.

Beweis: Abhyankar [7], Proposition 1.50.

(1.24) Lemma: Es sei X/k eine irreduzible, normale und quasiprojektive Mannigfaltigkeit über dem algebraisch abgeschlossenen Körper k. $X' \xrightarrow{f'} X$ sei eine irreduzible, galoissche Überlagerung von X mit Galoisgruppe G. W sei eine irreduzible Teilmannigfaltigkeit von X und W' eine irreduzible Komponente von $f'^{-1}(W)$. Dann gibt es eine nicht leere, Zariski-offene Menge U' von W', so dass alle k-wertigen Punkte $P' \in U'$ dieselbe Trägheitsgruppe bezüglich $X' \xrightarrow{f'} X$ besitzen wie W'.

Beweis: Nach Lemma (1.23) gilt $I(W') \subseteq I(Q')$, für alle Punkte $Q' \in W'$. Wir zeigen davon zuerst die folgende Umkehrung, ist $\sigma \in G$ und $\sigma \in I(P')$ für alle k-wertigen Punkte $P' \in W'$, so gilt $\sigma \in I(W')$.

Es sei U' = Spec(R') eine offene affine Umgebung von W' (d.h. des allgemeinen Punktes von W') auf X', welche unter G stabil ist. G operiert also als Automorphismengruppe auf der k-Algebra R'. $\mathfrak{p}'$ sei das Primideal in R', welches W' definiert. Dann ist $R'_{\mathfrak{p}'}$ der lokale Ring von W' auf X'. Wegen des Hilbertschen Nullstellensatzes ist $\mathfrak{p}'$ gleich dem Durchschnitt der maximalen Ideale von R', welche $\mathfrak{p}'$ umfassen. Es sei nun $\sigma \in G$, so dass $\sigma \in I(P')$ für alle k-wertigen Punkte P' von W'. Bezeichnet $\mathfrak{q}'$ das zu dem k-wertigen Punkt $P' \in W'$ gehörige maximale Ideal in R', so erhält man aus $\sigma \in I(P')$:

$$\sigma(x) \equiv x \text{ modulo } \mathfrak{q}', \text{ für alle } x \in R' \text{ und alle } \mathfrak{q}' \supseteq \mathfrak{p}'.$$

Dann gilt: (*) $\sigma(x) \equiv x$ modulo $\mathfrak{p}'$ (beachte $\mathfrak{p}' = \bigcap \mathfrak{q}'$).

Ist $\frac{a}{b} \in R'_{\mathfrak{p}'}$ ein beliebiges Element, wobei $a \in R'$ und $b \in R' - \mathfrak{p}'$ ist, so gilt wegen (*): $\sigma(a)\cdot b \equiv \sigma(b)\cdot a$ modulo $\mathfrak{q}'$

Da mit $b\in R'-\mathfrak{q}'$ auch $\sigma(b)\in R'-\mathfrak{q}'$ gilt, so erhält man

$$\sigma\left(\frac{a}{b}\right) = \frac{\sigma(a)}{\sigma(b)} \equiv \frac{a}{b} \quad \text{modulo } \mathfrak{q}'\cdot R'_{\mathfrak{q}'}.$$

Das zeigt, dass $\sigma\in I(W')$ ist.

Nun gilt allgemein folgendes: Zu einer Untergruppe H von G sei F'_H die Fixpunktmannigfaltigkeit von H auf X'. (F'_H ist eine abgeschlossene Teilmannigfaltigkeit von X', welche man wie folgt erhält: Es sei Γ_σ der Graph in $X'\times X'$ des Automorphismus $\sigma\in H$, Γ_σ ist dann abgeschlossen in $X'\times X'$. Die abgeschlossene Teilmannigfaltigkeit $(\bigcap_{\sigma\in H}\Gamma_\sigma)\cap\mathcal{D}' = F^*_H$ von $\mathcal{D}'$, $\mathcal{D}'$ = Diagonale von $X'\times X'$, ist dann die Fixpunktmannigfaltigkeit von H in $\mathcal{D}'$. Identifiziert man $\mathcal{D}'$ in der üblichen Weise mit X', so wird F^*_H zu einer Teilmannigfaltigkeit von X', welche mit F'_H bezeichnet wird und die Fixpunktmannigfaltigkeit von H heisst.)

Es seien nun $H_1,\dots,H_s$ alle diejenigen verschiedenen Untergruppen von G, welche Trägheitsgruppen von k-wertigen Punkten von W' sind. Dann gilt $I(W')\subseteq H_1,\dots,H_s$. Es ist zu zeigen, dass $I(W') = H_\nu$, für ein ν ist. Annahme $I(W')\subsetneqq H_1,H_2,\dots,H_s$. Dann sind die abgeschlossenen Teilmannigfaltigkeiten $F'_{H_\nu}\cap W'$, $\nu = 1,\dots,s$, wegen der obigen Überlegungen, von W' verschieden. Andererseits ist aber $\bigcup_{\nu=1}^{s}(F_{H_\nu}\cap W') = W'$. Das ist ein Widerspruch. (Eine irreduzible Mannigfaltigkeit ist nicht endliche Vereinigung von echten abgeschlossenen Teilmannigfaltigkeiten.) Wir können deshalb o.E. annehmen, dass $I(W') = H_1$ ist. Jeder k-wertige Punkt der offenen, nicht leeren Menge $U' = W' - F'_{H_2} - F'_{H_3} - \dots - F'_{H_s}$ von W' hat dann die Gruppe I(W') als Trägheitsgruppe.

__(1.25) Lemma:__ Es sei X/k wie in Lemma (1.24). $X_2 \xrightarrow{f_2} X$ sei eine galoissche Überlagerung von X mit Galoisgruppe G_2, $X_1 \xrightarrow{f} X_2$ sei eine galoissche Überlagerung von X_2 mit Galoisgruppe G_1. Weiter sei die Überlagerung $X_1 \xrightarrow{f_2\circ f} X$ galoissch mit

Galoisgruppe G. Man hat also das Überlagerungsdiagramm $X_1 \xrightarrow{f} X_2 \xrightarrow{f_2} X$. Es seien W, W_1 bzw. W_2 irreduzible Teilmannigfaltigkeiten von X, X_1 bzw. X_2, so dass W_1 über W_2 liegt und W_2 über W bezüglich der Überlagerungsabbildung. Dann besteht die exakte Sequenz: $1 \longrightarrow I(W_1/W_2) \xrightarrow{\varphi_1} I(W_1/W) \xrightarrow{\varphi_2} I(W_2/W) \longrightarrow 1$, welche von der aus der Galoistheorie bekannten Sequenz $1 \longrightarrow G_1 \xrightarrow{\varphi_1 = \mathrm{Id}} G \xrightarrow{\varphi_2} G_2 \longrightarrow 1$ induziert wird.

<u>Beweis:</u> Wegen Lemma (1.24) können wir annehmen, dass die Mannigfaltigkeiten W, W_1, W_2 k-wertige Punkte sind. Setze $I = I(W_1/W)$, $I_1 = I(W_1/W_2)$ und $I_2 = I(W_2/W)$. Dann ist klar, dass φ_1 injektiv ist und dass $I_1 = I \cap G_1$ gilt, denn $\sigma \in I$ ist äquivalent mit $\sigma \in G$ und W_1 ist Fixpunkt von σ. Analoges gilt für I_1. (Beachte Lemma (1.22).) Also ist I_1 = Kern φ_2 und es bleibt zu zeigen, φ_2 ist surjektiv. Es sei $\bar{g} \in I_2$, d.h. es gilt $\bar{g}(W_2) = W_2$. Dann ist zu zeigen, unter den Urbildern von $\bar{g}$ in G ist eines, welches den Punkt W_1 fest lässt. Ist $g \in G$ ein Urbild von $\bar{g}$ bezüglich φ_2, so sind genau die Elemente $\tau \cdot g$, $\tau \in G_1$ die Urbilder von $\bar{g}$ in G. Offensichtlich ist für alle $\tau \in G_1$ das Bild $\tau \cdot g(W_1)$ von W_1 ein Punkt, welcher über dem Punkt $W_2 \in X_2$ liegt. Nun sind aber die Punkte von X_1, welche über W_2 liegen, bezüglich der Gruppe G_1 konjugiert. Das hat zur Folge, dass für ein $\tau_0 \in G_1$, $\tau_0 \cdot g(W_1) = W_1$ gilt. Dann ist wegen Lemma (1.22) $\tau_0 \cdot g \in I$ (beachte, W_1 ist k-wertig) und das ergibt die Surjektivität von φ_2.

Es sei wieder X/k eine projektive, normale Mannigfaltigkeit über dem algebraisch abgeschlossenen Körper k und C ein Teilschema von X der reinen Kodimension 1.

<u>(1.26) Definition:</u> Eine irreduzible, galoissche und etale Überlagerung $U' \longrightarrow X-C$ heisst über C <u>zahm verzweigt</u>, wenn die durch U' eindeutig bestimmte, normale Überlagerung X' von X über jedem irreduziblen, abgeschlossenen Teilschema von C zahm verzweigt ist. (X' ist die Normalisierung von X im Funktionenkörper F(U') von U'.)

Es sei $\bar{\mathfrak{K}}^{(z)}(X-C)$ die Teilkategorie von $\bar{\mathfrak{K}}(X-C)$ derjenigen galoisschen Körpererweiterung F' von F(X) in Ω, für welche die Normalisierung von X-C in F' über

X-C etal und über C zahm verzweigt ist.

Aus Lemma (1.25) folgt, zusammen mit etwas Galoistheorie, dass $\tilde{\mathfrak{K}}^{(z)}(X-C)$ abgeschlossen ist hinsichtlich der Bildung des Kompositums zweier Körper aus $\tilde{\mathfrak{K}}^{(z)}(X-C)$. Es sei $L_{\tilde{\mathfrak{K}}^{(z)}}$ das Kompositum (in Ω) der Körper aus $\tilde{\mathfrak{K}}^{(z)}(X-C)$. $L_{\tilde{\mathfrak{K}}^{(z)}}/F(X)$ ist dann eine galoissche Erweiterung. Die Galoisgruppe dieser Erweiterung bezeichnen wir mit $\Pi_1^{(z)}(X-C)$ und nennen sie die <u>zahme Fundamentalgruppe</u> von X-C. Offensichtlich ist $\Pi_1^{(z)}(X-C)$ Faktorgruppe von $\Pi_1(X-C)$.

Der klassische Fall.

$\mathbb{C}$ sei der komplexe Zahlkörper. $X/\mathbb{C}$ sei eine irreduzible, projektive, normale Mannigfaltigkeit. Wir fassen X im klassischen Sinne als topologischen Raum auf, d.h. die Topologie auf X ist jetzt diejenige, welche von der natürlichen Topologie von $\mathbb{C}$ induziert wird (und nicht die Zariskitopologie). (Ist X Teilmannigfaltigkeit des projektiven Raumes $P^n(\mathbb{C})$, so ist die von der komplexen Topologie des $P^n(\mathbb{C})$ auf X induzierte Topologie gerade diejenige, welche wir meinen. Sie ist unabhängig von der Einbettung von X in einen $P^n(\mathbb{C})$. Vgl. Mumford [23], S. 109.)

Ist W eine echte abgeschlossene Teilmannigfaltigkeit von X, W = leere Menge ist zugelassen, so ist X-W mit der komplexen Topologie versehen wegezusammenhängend. $\pi_1(X-W)$ bezeichnet die Wegeklassengruppe von X-W, also die Fundamentalgruppe im üblichen topologischen Sinne. Es ist dann aus der Topologie bekannt, dass die topologisch unverzweigten, endlichen und zusammenhängenden Überlagerungen von X-W und die Untergruppen von $\pi_1(X-W)$ von endlichem Index sich eineindeutig in funktorieller Weise entsprechen. Vgl. Schubert [35].

Der Zusammenhang der topologischen Überlagerungen von X-W mit den algebraischen Überlagerungen von X-W wird durch die Ergebnisse von Grauert und Remmert [16] hergestellt. Es gilt folgendes: Ist X' eine endliche, unverzweigte, topologische

Überlagerung von X-W, so kann X' in eindeutiger Weise zu einer normalen, projektiven Mannigfaltigkeit X* vervollständigt werden, so dass X* zu einer Überlagerung von X im Sinne von Definition (1.4) wird, welche höchstens entlang W verzweigt ist. Ist die topologische Überlagerung X' von X-W galoissch, so ist auch die algebraische Überlagerung X* von X galoissch und die Decktransformationsgruppe von X'/X-W ist isomorph zur Galoisgruppe der Körpererweiterung F(X*)/F(X).

Diese Ausführungen legen den folgenden Sachverhalt deutlich:

<u>(1.27) Satz:</u> Ist X/**C** eine (irreduzible) normale, projektive Mannigfaltigkeit über dem komplexen Zahlkörper und W eine echte abgeschlossene Teilmannigfaltigkeit von X, so ist die algebraische Fundamentalgruppe $\widehat{\pi}_1(X-W)$ von X-W die Komplettierung der topologischen Fundamentalgruppe $\pi_1(X-W)$ hinsichtlich der Krulltopologie von $\pi_1(X-W)$. (Die Krulltopologie von $\pi_1(X-W)$ wird von den Untergruppen von $\pi_1(X-W)$ von endlichem Index als offene Umgebungsbasis der 1 definiert.)

Zweite Vorlesung

VIER SÄTZE DER ALGEBRAISCHEN GEOMETRIE.

1. Der Satz von Bertini

X/k sei eine normale, projektive Mannigfaltigkeit (im Sinne von Seite 5) über dem algebraisch abgeschlossenen Körper k. D sei ein positiver Divisor auf X. $\mathcal{L}(D)$ sei der Vielfachenmodul von D; es ist also $\mathcal{L}(D) = \{f \in F(X),\ (f) \geqslant -D\}$, versehen mit der natürlichen k-Modulstruktur. Dann ist $\mathcal{L}(D)$ über k endlich erzeugt. Vgl. Zariski [50]. $|D|$ bezeichnet die Menge der positiven Divisoren von X, welche linear äquivalent zu D sind, also $|D| = \{D',\ D' > 0$ Divisor von X und $D'-D = (f)$, mit $f \in F(X)\}$. Ist $\xi \in \mathcal{L}(D)$ und $\xi \neq 0$, so ist $(\xi) + D \in |D|$. Offensichtlich ergibt die Zuordnungsvorschrift $\psi : \xi \longrightarrow (\xi) + D$ eine Abbildung von $\mathcal{L}(D)$ auf $|D|$. Da k in F(X) algebraisch abgeschlossen ist (nach Voraussetzung ist k sogar algebraisch abgeschlossen) schliesst man, dass $\psi(\xi) = \psi(\xi_1)$ gleichbedeutend mit $\xi = c \cdot \xi_1$ und $c \in k$ ist. Dies zeigt, dass $|D|$ durch ψ zu einem projektiven Raum wird.

(2.1) Definition: $|D|$ zusammen mit der durch die Abbildung $\psi : \xi \rightarrow (\xi) + D$, $\xi \in \mathcal{L}(D)$, $\xi \neq 0$ definierten projektiven Struktur heisst das durch D definierte vollständige Linearsystem von X.

Die projektive Struktur von $|D|$ ermöglicht die folgenden Definitionen.

(2.2) Definition: $\dim |D| = \dim_k \mathcal{L}(D) - 1$.

(2.3) Definition: Ein Linearsystem L von X ist ein linearer, projektiver Teilraum eines vollständigen Linearsystems von X.

Zu einem Linearsystem L gehört eine über k rationale Abbildung φ_L von X in einem projektiven Raum, welche wie folgt definiert werden kann: $|D|$ sei ein vollständiges Linearsystem, welches L enthält. Dann gehört zu L ein eindeutig bestimmter k-linearer Teilraum $\mathcal{L}(L,D)$ von $\mathcal{L}(D)$. $\xi_0, \dots, \xi_n$ sei eine k-Basis von $\mathcal{L}(L,D)$. Ist x ein über k allgemeiner Punkt von X, so definiert die Vorschrift

$$\varphi_L : x \longrightarrow (\xi_0, \xi_1, \dots, \xi_n)$$

eine über k rationale Abbildung von X in den projektiven Raum $\mathbb{P}^n/k$. Dabei werden die Divisoren aus L auf die Hyperebenenschnitte von $\varphi_L(X)$ abgebildet.

<u>(2.4) Definition:</u> Wir sagen, das Linearsystem L <u>hängt mit einem Büschel zusammen</u> ("is composit with a pencil"), wenn die Mannigfaltigkeit $\varphi_L(X)$ 1-dimensional ist. Es gilt der Satz:

<u>(2.5) Satz von Bertini</u>: (Vgl. [72], Abschnitt 14 und 15.) L sei ein Linearsystem von X, welches keine festen Komponenten hat (d.h. es gibt keinen positiven Divisor, welcher als Komponente in allen Divisoren $D' \in L$ enthalten ist), und eine Dimension > 1 hat. Dann gilt: L hängt genau dann mit einem Büschel zusammen, wenn jedes Element $D' \in L$ reduzibel ist.

<u>(2.6) Bemerkung:</u> Ist D ein Primdivisor von X und ist dim $|D| \geq 1$, so hat $|D|$ keine festen Komponenten. Wegen dim $|D| \geq 1$ gibt es nämlich in $|D|$ einen von D verschiedenen positiven Divisor D'. Dann ist $D'-D = (f)$ ein Hauptdivisor und f ist transzendent über k. Da jede nicht konstante rationale Funktion von X auf X einen Pol hat folgt, D' enthält den Primdivisor D nicht als Komponente.

<u>(2.7) Bemerkung:</u> Es sei F' eine endliche, separable, algebraische Erweiterung des Funktionenkörpers F(X) von X, X' sei die Normalisierung von X in F' und $f':X' \longrightarrow X$ sei die Überlagerungsabbildung, welche durch die Einbettung $F(X) \hookrightarrow F'$ definiert ist. $|D|$ sei ein Linearsystem auf X ohne feste Komponenten und von der Dimension > 1. Für D schreiben wir $D = m_1D_1 + \dots + m_tD_t$, wobei D_i die verschiedenen, in

D enthaltenen, Primdivisoren sind und $m_i > 0$ natürliche Zahlen. $D'_{j,1},\dots,D'_{j,q_j}$ seien die irreduziblen Komponenten von $f'^{-1}(D_j)$. Wir setzen $f'^{-1}(D) = \sum_{j=1}^{t} m_j \sum_k r(D'_{j,k}:D_j)D'_{j,k}$, wobei $r(D'_{j,k}:D_j)$ den Verzweigungsindex von $D'_{j,k}$ in der Überlagerung $X' \xrightarrow{f'} X$ bezeichnet. (Ist $O'_{j,k}$ der lokale Ring von $D'_{j,k}$ auf X' und O_j der lokale Ring von D_j auf X, so ist $r(D'_{j,k}:D_j)$ gerade der Verzweigungsindex von $O'_{j,k}$ über O_j. Beachte, die Ringe $O'_{j,k}$ und O_j sind diskrete Bewertungsringe vom Rang 1.) $f'^{-1}(D)$ heisst das inverse Bild des Divisors D bei f'.

$L' = \{f'^{-1}(D),\ D \in L\}$ sei das Linearsystem von X', welches man durch die obige Vorschrift erhält, wenn D die Schnitte von L durchläuft. Dann sieht man: 1) L' hat keine festen Komponenten. 2) Die durch L' definierte rationale Abbildung von X' ist das Kompositum von f' und der durch L definierten rationalen Abbildung von X. L' hängt daher genau dann mit einem Büschel zusammen, wenn es L tut.

2. "Purity of the branche locus".

<u>(2.8) Satz:</u> (Zariski) X sei ein noethersches, irreduzibles, normales und reduziertes Schema der Dimension r. X' sei eine irreduzible, normale Überlagerung von X. $\Delta \subset X$ sei die Verzweigungsmannigfaltigkeit der Überlagerung $X' \xrightarrow{f'} X$. Dann gilt:

1) Ist P regulärer Punkt von X und ist P in $X' \xrightarrow{f'} X$ verzweigt (also $P \in \Delta$), so ist Δ lokal in P von der reinen Kodimension 1.
2) Ist X regulär und Δ nicht die leere Menge (d.h. $X' \xrightarrow{f'} X$ ist verzweigt), so ist Δ von der reinen Kodimension 1.

Die Aussage 2) ist eine unmittelbare Folge von 1). Aussage 1) heisst in der englischen Literatur "purity of the branche locus". Beweise für die Aussage 1) finden sich in [48], [25] und [18].

3. Der Zusammenhangssatz von Zariski.

X,Y seien noethersche Schemata, $X \xrightarrow{f} Y$ sei ein eigentlicher (proper) Morphismus. (Sind X und Y projektive Schemata über einem Körper k oder über einem Bewertungsring R und ist $f: X \longrightarrow Y$ eine projektive Abbildung über k bzw. R, so ist f insbesondere eigentlich. Vgl. [19],II.)

Die O_Y-Algebra $f_*(O_X)$ ($f_*(O_Y)$ bezeichnet das direkte Bild der Garbe O_X bei f) definiert ein Y-Schema $Y' \xrightarrow{g} Y$, welches über Y endlich ist. (D.h. $Y' \xrightarrow{g} Y$ ist eigentlich und die Fasern von g sind endliche Punktmengen. Vgl. EGA III, Theorem (3.2.1).) Zu dem O_Y-Morphismus $g_*(O_{Y'}) = f_*(O_X) \xrightarrow{Id} f_*(O_X)$ gehört ein Y-Morphismus $f': X \longrightarrow Y'$ und man hat das kommutative Diagramm

$$\begin{array}{ccc} X & \xrightarrow{f'} & Y' \\ & {\scriptstyle f}\searrow \quad \swarrow{\scriptstyle g} & \\ & Y & \end{array}$$

Die Aufspaltung $f = g \circ f'$ heisst die Stein-Faktorisierung von f.

Dann gilt:

(2.9) Zusammenhangssatz von Zariski (Grothendieck's Formulierung [19],III, S.131)

Mit den Bezeichnungen und Voraussetzungen von oben gilt:

1) Der Morphismus $f': X \longrightarrow Y'$ ist eigentlich (proper).

2) Für jeden Punkt $y' \in Y'$ ist die Faser $f'^{-1}(y')$ nicht leer und geometrisch zusammenhängend (d.h. ist $k' \supseteq k(y')$ ein Erweiterungskörper von $k(y')$, so ist das Schema $X \times_{Y'} \mathrm{Spec}(k')$ zusammenhängend).

3) Für jeden Punkt $y \in Y$ entsprechen die Zusammenhangskomponenten der Faser $f^{-1}(y)$ eineindeutig den Punkten der Faser $g^{-1}(y)$. ($g^{-1}(y)$ ist endlich und diskret.)

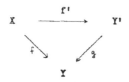

4) Für einen beliebigen Punkt $y \in Y$ sei $\overline{k(y)}$ der algebraische Abschluss des Restklassenkörpers $k(y)$ von y und $\overline{X}_y$ das Schema $X \times_Y \overline{k(y)}$. Die Zusammenhangskomponenten von $\overline{X}_y$, also die geometrischen Zusammenhangskomponenten von $f^{-1}(y)$, entsprechen eineindeutig den geometrischen Punkten von Y' über y.

(2.10) Korollar: Ist unter den Voraussetzungen von Satz (2.9) zusätzlich $f_*(O_X)$ isomorph zu O_Y, so sind die Fasern $f^{-1}(y)$ zusammenhängend und nicht leer für alle $y \in Y$.

(2.11) Klassische Formulierung des Zusammenhangssatzes von Zariski (Zariski [49], Chow [12]): Die Spezialisierung eines zusammenhängenden positiven Zyklus der Dimension r des P^n über einen Bewertungsring R vom Rang 1 ist zusammenhängend.

Wir präzisieren dies.

Zuerst erinnern wir daran, dass man einen positiven r-Zyklus Z des P^n/k, k ist ein Körper, zusammenhängend nennt, wenn der Träger (support) des Zyklus Z in der absoluten Zariski Topologie zusammenhängend ist. Der Träger von Z bleibt also zusammenhängend nach beliebiger Konstantenerweiterung.

Unter der Spezialisierung eines Zyklus Z über einen Bewertungsring (R,m) versteht man folgendes:

Es sei K der Quotientenkörper von R und k der Restklassenkörper. P^n/K sei der projektive Raum der Dimension n über dem Körper K. Z sei ein r-dimensionaler Zyklus in P^n/K. F(U) sei die Chowform von Z. Das ist eine Form mit Koeffizienten in K, welche dem Zyklus Z eindeutig zugeordnet ist. Vgl. Samuel [34]. Durch Multiplikation mit einem geeigneten Element aus K kann man erreichen, dass die Koeffizienten von F(U) in R liegen, aber nicht alle im maximalen Ideal m von R. Reduziert man dann die Koeffizienten von F(U) modulo m, so erhält man eine Form $\overline{F}(U)$ über dem Körper k, welche die Chowform eines r-dimensionalen Zyklus $\overline{Z}$ des projektiven Raumes P^n/k ist. Vgl. Samuel [34].

<u>(2.12) Definition:</u> Der r-dimensionale Zyklus $\bar{Z}$ des P^n/k heisst die <u>Spezialisierung</u> oder die <u>Reduktion</u> des Zyklus Z über dem Bewertungsring R.

Die präzise Formulierung des Satzes (2.11) ist dann:

<u>(2.13) Satz:</u> Ist der Zyklus Z zusammenhängend, so ist auch der Zyklus $\bar{Z}$, den man durch Reduktion von Z über dem Ring R erhält, zusammenhängend.
Satz (2.13) wird hier nicht bewiesen, wir stellen jedoch den Zusammenhang zu Satz (2.10) her. Genauer gesagt zeigen wir, wie Satz (2.13) aus Satz (2.10) folgt.

Man sieht sofort, dass Satz (2.13) für einen beliebigen Zyklus gilt, wenn er für Primzyklen richtig ist. Es sei deshalb nun Z ein Primzyklus der Dimension r in P^n/K, welcher darüberhinaus absolut irreduzibel sein soll. (Ist das nicht der Fall, so zerfällt Z über einem endlichen algebraischen Erweiterungskörper K^* von K in absolut irreduzible Zyklen der Dimension r. Man hat dann K^* zu betrachten, zusammen mit einer Fortsetzung R^* von R auf K^*.)
Dann kann Z auch als abgeschlossene Teilmannigfaltigkeit von P^n/K aufgefasst werden und es besteht das folgende Spezialisierungsdiagramm, wenn P^n den projektiven Raum der Dimension n über dem Ring R bezeichnet:

$$\begin{array}{ccccc} P^n/K = P^n \times \mathrm{Spec}(K) & \xrightarrow{f_1} & P^n & \xleftarrow{f_0} & P^n \times \mathrm{Spec}(k) = P^n/k \\ \downarrow & & \downarrow \varphi & & \downarrow \\ \mathrm{Spec}(K) & \longrightarrow & \mathrm{Spec}(R) & \longleftarrow & \mathrm{Spec}(k) \end{array}$$

Die Morphismen f_1 und f_0 sind Einbettungen. Vgl. Mumford [23], S.251. In der allgemeinen Faser P^n/K von P^n/R ist das abgeschlossene Teilschema Z gegeben. Es sei $\tilde{Z}$ der Abschluss von Z (in der Zariski-Topologie) im Schema P^n/R. Dann ist $\tilde{Z}$ ein abgeschlossenes Teilschema von P^n/R und als solches ein R-Schema, welches über Spec(R) projektiv und daher eigentlich ist. Es sei $\tilde{Z}_0 = \tilde{Z} \times \mathrm{Spec}(k)$ die abgeschlossene Faser von $\tilde{Z}/R$. Dann gilt nach Shimura [42], S.142, der Zyklus $\bar{Z}$ und das k-Schema $\tilde{Z}_0$ haben denselben Träger. Um den Zusammenhang von $\bar{Z}$ zu beweisen, betrachten wir das R-Schema $\tilde{Z}$ und zeigen, dass $\tilde{Z}_0$ zusammenhängend ist. Es sei $\tilde{Z} \xrightarrow{\varphi} \operatorname{Spec}(R)$ der Strukturmorphismus und $\varphi = \psi \circ \varphi'$ die Steinfaktorisierung von φ. Man hat also das Diagramm:

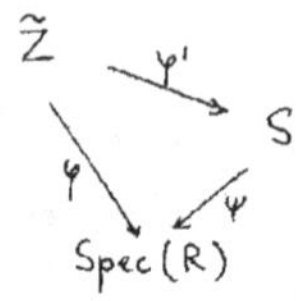

Nach (2.9) ist ψ ein endlicher Morphismus und deshalb $S = \operatorname{Spec}(R')$ ein affines Schema, wobei der Ring R' noch als Modul über R endlich ist. Ist $F(\tilde{Z})$ der Funktionenkörper von $\tilde{Z}$, so kann man bezüglich φ' den Ring R' als Teilring von $F(\tilde{Z})$ auffassen. Tut man dies, so ist R in R' enthalten und R' ist ganz über R. Da nun aber R ganz abgeschlossen in seinem Quotientenkörper K ist und da nach Voraussetzung K algebraisch abgeschlossen in $F(\tilde{Z})$ ist (beachte Z ist absolut irreduzibel über K), so gilt $R' = R$. Nach Korollar (2.10) folgt daraus der Zusammenhang von $\bar{Z}$.

4. Das Lemma von Abhyankar

(2.14) Lemma: Es sei F ein Körper und v eine diskrete Bewertung von F vom Rang 1. F_1, F_2 seien endliche galoissche Erweiterungskörper von F, beide enthalten in einem gemeinsamen Oberkörper Ω von F. v_1 bzw. v_2 seien Fortsetzungen von v in F_1 bzw. F_2. $e_1 = e(v_1|v)$ bzw. $e_2 = e(v_2|v)$ seien die zugehörigen Verzweigungsordnungen. Wir nehmen an, dass v in den Erweiterungen F_1/F und F_2/F zahm verzweigt ist und dass e_1 ein Teiler von e_2 ist. Dann gilt: Ist F' das Kompositum von F_1 und F_2 in Ω und ist v' eine Fortsetzung von v in F', so ist v' in der Erweiterung F'/F_2 unverzweigt.

Beweis: Wir können annehmen, dass die Einschränkungen von v' auf F_1 bzw. F_2 gerade die Bewertungen v_1 bzw. v_2 sind. (Beachte zwei beliebige Fortsetzungen von v auf

F_1 bzw. F_2 sind konjugiert.) Dann ist zu zeigen, dass v' über v_2 unverzweigt ist. Es sei $I(v'/v)$ die Trägheitsgruppe von v' in der galoisschen Erweiterung F'/F. $I(v_1/v)$ bzw. $I(v_2/v)$ seien die Trägheitsgruppen von v_1 bzw. v_2 bezüglich der Körpererweiterungen F_1/F bzw. F_2/F. Nach der Hilbert'schen Verzweigungstheorie (vgl. Serre [36]) gilt: Es gibt einen injektiven Homomorphismus $I(v'/v) \longrightarrow I(v_1/v) \times I(v_2/v)$, so dass die Projektionen $I(v'/v) \longrightarrow I(v_1/v)$ und $I(v'/v) \longrightarrow I(v_2/v)$ surjektiv sind. Das zeigt, dass auch v' in F'/F zahm verzweigt ist, denn offensichtlich ist die Ordnung von $I(v'/v)$ als Untergruppe von $I(v_1/v) \times I(v_2/v)$ prim zur Restklassencharakteristik von v. $I(v'/v)$ ist dann zyklisch. Die Annahme $e_1 | e_2$ impliziert nun, dass jedes Element aus $I(v_1/v)$ eine Ordnung hat, welche e_2 teilt. Da aber die Projektion $I(v'/v) \longrightarrow I(v_2/v)$ surjektiv ist, folgt daraus die Isomorphie $I(v'/v) \longrightarrow I(v_2/v)$. (Man beachte das Bild einer Erzeugenden von $I(v'/v)$ erzeugt $I(v_2/v)$). Nun hat man für den Körperturm $F' \supset F_2' \supset F$ und die zugehörigen Trägheitsgruppen von v die exakte Sequenz

$$1 \longrightarrow I(v'/v_2) \longrightarrow I(v'/v) \longrightarrow I(v_2/v) \longrightarrow 1 \quad \text{(vgl. [36], Ch.I, Prop. 22).}$$

Das zeigt, dass $I(v'/v_2) = 1$ ist und beweist die Unverzweigtheit von v' in der Erweiterung F'/F_2.

<u>(2.15) Bemerkung:</u> Die Bedeutung des Lemma von Abhyankar liegt darin, dass es gestattet, bei zahm verzweigten Überlagerungen normaler Mannigfaltigkeiten die Verzweigungen, welche in Kodimension 1 auftreten, durch Einschieben von gewissen ausgezeichneten, zahm verzweigten Überlagerungen, zu beseitigen. Die Ausführungen in folgenden Vorlesungen präzisieren dies.

Dritte Vorlesung

EIN ERZEUGENDENSYSTEM FÜR $\pi_1^{(t)}(X-C)$, WENN X EINE REGULÄRE, EINFACH ZUSAMMENHÄNGENDE, PROJEKTIVE MANNIGFALTIGKEIT DER DIMENSION ≥ 2 IST UND DIE HYPERFLÄCHE C NUR NORMALE SCHNITTE ALS SINGULARITÄTEN HAT.

Es wird im wesentlichen der Inhalt der Arbeit [1] behandelt.

Wir machen die folgenden drei Voraussetzungen über die Mannigfaltigkeiten X und C:

(1) X ist eine irreduzible, projektive und reguläre Mannigfaltigkeit über dem algebraisch abgeschlossenen Körper k. Die Dimension von X sei ≥ 2.

(2) $C = \bigcup_{\alpha=1}^{s} C_\alpha$ (C_α sind die irreduziblen Komponenten von C) ist eine über k definierte, abgeschlossene, reduzierte Teilmannigfaltigkeit von X/k der reinen Kodimension 1, welche nur normale Schnitte als Singularitäten hat. (D.h. für jeden k-wertigen Punkt $P \in C$ gibt es ein Erzeugendensystem $u_1,\dots,u_r$, $r = \dim X$, des maximalen Ideals m_P von P auf X, so dass $u_1 = 0,\dots,u_{s'} = 0$ ($s' \leq r$) lokale Gleichungen für die irreduziblen Komponenten $C_1,\dots,C_{s'}$ von C sind, welche durch P gehen.)

(3) Für jede irreduzible Komponente C_α von C ist die Dimension des Linearsystems $|C_\alpha| \geq 2$.

<u>(3.1) Bemerkung:</u> Die Voraussetzung (2) impliziert, dass die irreduziblen Komponenten von C regulär sind.

Es sei nun $f': X' \longrightarrow X$ eine irreduzible, galoissche und normale Überlagerung von X mit Galoisgruppe G, welche höchstens über C zahm verzweigt ist. $C'_\alpha = f'^{-1}(C_\alpha)$ seien die Urbilder der C_α bei f', dabei wird C_α als Divisor auf X aufgefasst (vgl. Bemerkung (2.7)). Wir zeigen in der nächsten Vorlesung (vgl. Satz (4.4)), dass unter den gemachten Voraussetzungen folgendes richtig ist:

(3.2) Proposition: Die Träger der Divisoren C'_α (das sind Teilmannigfaltigkeiten von X') sind lokal irreduzibel, d.h. ist $P' \in C'_\alpha$, so geht genau eine irreduzible Komponente von C'_α durch P'.

Nehmen wir dieses Resultat vorweg, so können wir das folgende sagen:
Aus Voraussetzung (3) folgt nach den Überlegungen der vorangehenden Vorlesung, dass die Linearsysteme $|C_\alpha|$, $\alpha = 1,\ldots,s$ keine festen Komponenten haben und nicht mit einem Büschel zusammenhängen. Dasselbe gilt dann nach Bemerkung (2.7) auch für die Linearsysteme $L'_\alpha = \{f'^{-1}(D),\ D \in |C_\alpha|\}$, $\alpha = 1,\ldots,s$.
Wenden wir auf L'_α den Satz von Bertini und den Zusammenhangssatz von Zariski an, so ergibt sich, dass die Zyklen $f^{-1}(D)$, $D \in |C_\alpha|$ zusammenhängend sind. Insbesondere ist daher $f'^{-1}(C_\alpha)$ zusammenhängend. Nimmt man das oben zitierte Ergebnis (3.2), so folgt:

(3.3) Proposition: Die Mannigfaltigkeiten C'_α sind irreduzibel.

Es sei nun $I_\alpha (\subseteq G)$ die Trägheitsgruppe von C'_α . I sei die von den I_α, $\alpha = 1,\ldots,s$ erzeugte Untergruppe von G. I ist Normalteiler in G, da die Gruppen I_α wegen der Irreduzibilität von C'_α Normalteiler in G sind.
Wir wollen uns überlegen, dass die Gruppe I unter den Voraussetzungen (1), (2) und (3) kommutativ ist. Dazu zeigen wir zuerst, die Teilmannigfaltigkeiten C_α und C_β besitzen für beliebige α,β einen gemeinsamen Punkt. Das ist in der folgenden Proposition enthalten.

(3.4) Proposition: X/k sei eine normale, irreduzible, projektive Mannigfaltigkeit. C und C' seien verschiedene irreduzible, abgeschlossene Teilmannigfaltigkeiten von X der Kodimension 1. Es sei dim $|C| \geq 1$ und dim $|C'| \geq 2$. Dann ist $C \cap C' \neq \phi$.

Beweis: Es sei $P \in C'$ und C_1 ein Element aus $|C|$, so dass $P \in C_1$. Ein solches C_1 gibt es, denn die Bedingung $P \in C_1$ ergibt genau eine Relation für die Elemente des Linearsystems $|C|$. Enthält C_1 nicht die irreduzible Kurve C' als Komponente, so tun wir vorläufig nichts. Gilt jedoch $C_1 = nC' + U$, mit $n > 0$ und U einen positiven Divisor, teilerfremd zu C', so wählen wir $C_1' \sim C'$, $C_1' \neq C'$, so dass $P \in C_1'$ ist. C_1' existiert, da $\dim |C'| \geq 2$. Dann ist $C_2 = nC_1' + U$ zu C linear äquivalent und es gilt $P \in C_2$. Es sei $(f) = C_2 - C$ bzw. $(f) = C_1 - C$, falls C' nicht als Komponente in C_1 enthalten ist. $\bar{f}$ sei die Einschränkung von f auf die Kurve C'. Die Annahme, dass $C \cap C' = \emptyset$ ist, hat dann zur Folge, dass $\bar{f}$ keine Pole auf C' hat. Andererseits hat aber $\bar{f}$ sicherlich eine Nullstelle auf C', nämlich $P \in C'$. Deshalb ist $\bar{f}$ die Nullfunktion auf C'. Da aber C' nicht zum Nullstellendivisor von f auf X gehört, kann $\bar{f}$ als Funktion von C' nicht identisch Null sein. Das ist ein Widerspruch.

Die Voraussetzungen der Proposition (3.4) können wie folgt abgeschwächt werden.

<u>(3.5) Proposition:</u> Mit den Bezeichnungen wie in Proposition (3.4) sei $\dim |C| \geq 1$, $\dim |C'| \geq 1$, C,C' seien irreduzibel und C sei nicht linear äquivalent zu C'. Dann ist $C \cap C' \neq \emptyset$.

Wir verzichten hier auf den Beweis der Proposition (3.5), obwohl das Ergebnis zur Bestimmung der Struktur von $\pi_1^{(z)}(X-C)$ interessant sein kann.

Proposition (3.4) auf die Kurve $C = C_1 \cup \cdots \cup C_s$ angewandt ergibt zunächst:

<u>(3.6) Korollar:</u> Zwei beliebige Komponenten C_α, C_β von C haben einen Punkt gemeinsam.

Ist nun P ein gemeinsamer Punkt von C_α und C_β, so folgt nach Satz (4.1) der folgenden Vorlesung, dass die Trägheitsgruppe $I(P'/P)$ von P in der Überlagerung $X' \xrightarrow{f'} X$ abelsch ist. (P' ist ein Punkt auf X', welcher über P liegt.) Andererseits bemerken wir, dass die Gruppen I_α und I_β in kanonischer Weise Untergruppen von $I(P'/P)$ sind. Nach Proposition (3.3) ist nämlich die Mannigfaltigkeit $f'^{-1}(C_\alpha) = C'_\alpha$ irreduzibel. Ist daher $P \in C_\alpha \cap C_\beta$, so liegt ein beliebiger Punkt $P' \in X'$, welcher bezüglich der Überlagerung $X' \xrightarrow{f'} X$ über P liegt, nach den Sätzen von Cohen und Seidenberg, auf C'_α und auch auf C'_β. Benutzt man nun Lemma (1.23), so ergibt sich, die Gruppen I_α und I_β sind in $I(P'/P)$ enthalten.

Da die Gruppe $I(P'/P)$ abelsch ist folgt daraus, dass für beliebige Elemente $x \in I_\alpha, y \in I_\beta$ die Gleichung

$$x\,y = y\,x \quad \text{gilt.}$$

Zusammen mit Korollar (3.6) ergibt sich daher:

(3.7) Proposition: Die Untergruppe I von G ist kommutativ und hat s Erzeugende. (Ist ξ_α eine Erzeugende der zyklischen Gruppe I_α, $\alpha = 1,\ldots,r$, so erzeugen $\xi_1,\ldots,\xi_r$ die Gruppe I.)

Es sei nun $X'' = X'^{I}$ die Quotientenmannigfaltigkeit von I. (Ist $F(X')$ der Funktionenkörper von X', so operiert die Gruppe G als Automorphismengruppe auf $F(X')$. Ist F'' der Fixkörper der Untergruppe I, so ist X'' die Normalisierung von X in F''.) X'' ist eine galoissche Überlagerung von X mit G/I als Galoisgruppe, welche höchstens über C verzweigt ist. Man überlegt sich aber sofort, dass die Trägheitsgruppen der C_α in der Überlagerung $X'' \longrightarrow X$ trivial sind, also sind die C_α (genauer, die allgemeinen Punkte der C_α) in $X'' \longrightarrow X$ unverzweigt. Da nun aber die Verzweigungsmannigfaltigkeit Δ'' der Überlagerung $X'' \longrightarrow X$ von der reinen Kodimension 1 ist (beachte, X ist regulär und Vorlesung zwei) und in C enthalten, ergibt dies, dass $X'' \longrightarrow X$ unverzweigt ist. Geht man mit diesen Überlegungen bezüglich X' in der Kategorie $Et^{(z)}(X-C)$ zum projektiven Limes über, so entsteht aus I eine profinite Gruppe mit s Erzeugenden, denn nach Lemma (1.25) kann man die Erzeugenden von I so wählen, dass sie mit der Limesbildung verträglich sind. Die entstehende profinite Gruppe bezeichnen wir wieder mit I.

Dann gilt:

(3.8) Satz: Erfüllen die Mannigfaltigkeiten X,C die Voraussetzungen (1), (2) und (3), so ist die Faktorgruppe von $\pi_1^{(2)}(X-C)$ nach der kommutativen Untergruppe I isomorph zur Fundamentalgruppe $\pi_1(X)$.

Aus Satz (3.8) folgt sofort

(3.9) Satz: Ist X darüberhinaus einfach zusammenhängend, d.h. X besitzt keine nichttriviale, irreduzible, etale Überlagerungen, oder gleichwertig damit $\pi_1(X) = 1$, so ist die profinite Gruppe $\pi_1^{(2)}(X-C)$ kommutativ und hat s Erzeugende.

(3.10) Bemerkung: Es ist interessant festzuhalten, dass man bei beliebigen Singularitäten von C durch die obigen Überlegungen immer ein Erzeugendensystem für die Faktorkommutatorgruppe von $\pi_1^{(2)}(X-C)$ erhält, welche bekanntlich die abelschen Überlagerungen von X klassifiziert, die höchstens über C zahm verzweigt sind.

Die Voraussetzungen sind wie folgt: X/k sei wieder eine irreduzible, projektive, reguläre Mannigfaltigkeit über dem algebraisch abgeschlossenen Körper k. C sei eine reduzierte Teilmannigfaltigkeit von X der reinen Kodimension 1 und $C = C_1 \cup \cdots \cup C_s$ sei die Zerlegung von C in irreduzible Komponenten. Über die Singularitäten von C wird nichts vorausgesetzt.

Es sei $X' \xrightarrow{f'} X$ eine irreduzible, abelsche Überlagerung von X mit Galoisgruppe G (d.h. $X' \xrightarrow{f'} X$ ist galoissch mit abelscher Galoisgruppe), welche höchstens über C zahm verzweigt ist.
Es sei C'_α eine irreduzible Komponente von $f^{-1}(C_\alpha)$ und I_α sei die Trägheitsgruppe von C'_α.
Dann ist wegen der Kommutativität von G die Gruppe I_α auch die Trägheitsgruppe einer beliebigen anderen, irreduziblen Komponenten von $f^{-1}(C_\alpha)$. Weiter ist wegen der zahmen Verzweigtheit von $X' \xrightarrow{f'} X$ die Gruppe I_α zyklisch.

I bezeichnet wieder die von den Gruppen I_α, $\alpha = 1,\dots,s$ in G erzeugte Untergruppe und $X'' = X^I$ sei die Quotientenmannigfaltigkeit von X bezüglich I. Dann überlegt man sich wie bei Beweis von Satz (3.8), dass X" eine über X unverzweigte abelsche Überlagerung ist.

Geht man wieder bei diesen Überlegungen bezüglich X' zum projektiven Limes über, so entsteht aus I eine profinite, abelsche Gruppe mit s Erzeugenden, welche wieder mit I bezeichnet wird. Man erhält die Sätze:

<u>(3.11) Satz:</u> Unter den obigen Voraussetzungen über X und C ist die Faktorkommutatorgruppe von $\Pi_1^{(z)}(X-C)$ modulo der Gruppe I isomorph zur Faktorkommutatorgruppe von $\Pi_1(X)$.

<u>(3.12) Satz:</u> Ist darüberhinaus X einfach zusammenhängend, so hat die Faktorkommutatorgruppe von $\Pi_1^{(z)}(X-C)$ s Erzeugende.

Vierte Vorlesung

DAS VERHALTEN ZAHM VERZWEIGTER ÜBERLAGERUNGEN IM LOKALEN.

X/k sei eine irreduzible, reguläre, projektive Mannigfaltigkeit über dem algebraisch abgeschlossenen Körper k. Es sei dim X = r. F = F(X) sei der Funktionenkörper von X. $X' \xrightarrow{f'} X$ sei eine irreduzible, normale und galoissche Überlagerung von X mit Δ als Verzweigungsmannigfaltigkeit und Galoisgruppe G.

Es sei P ein beliebiger k-wertiger Punkt von X und P' ein Punkt von X', welcher bei f' auf P abgebildet wird.

Es sei I(P'/P) die Trägheitsgruppe von P'. Da P ein k-wertiger Punkt ist, und k als algebraisch abgeschlossen vorausgesetzt ist, gilt: $I(P'/P) = \{\sigma \in G;\ P'^{\sigma} = P'\}$.

Es interessiert die Struktur der Gruppen I(P'/P). Der folgende Satz wird bewiesen.

(4.1) Satz: P sei ein k-wertiger Punkt von X, welcher in der irreduziblen, normalen und galoisschen Überlagerung $X' \xrightarrow{f'} X$ zahm verzweigt ist. Die Verzweigungsmannigfaltigkeit Δ von $X' \xrightarrow{f'} X$ habe in P einen normalen Schnitt als Singularität. P' sei ein Punkt von X', welcher über P liegt. Dann ist die Trägheitsgruppe I(P'/P) von P' abelsch und von s Elementen erzeugt, wobei s die Anzahl der irreduziblen Komponenten von Δ durch P ist.

Zum Beweis benötigen wir einige Hilfssätze.

(4.2) Lemma: (R,m) sei ein regulärer, lokaler Ring der Dimension r mit Quotientenkörper F und Restklassenkörper k. p sei die Charakteristik von k. Es sei $(x,x_2,\ldots,x_r)$ ein System regulärer Parameter von R (d.h. $Rx+Rx_2+\ldots+Rx_r$ ist das maximale Ideal von R). n sei eine zu p prime natürliche Zahl. Weiter soll R die n-ten Einheitswurzeln enthalten. F* sei der Zerfällungskörper über F des Polynoms $f(Z) = Z^n - x$. Ist R* der ganze Abschluss von R in F* und ist x* eine Wurzel von f(Z) in F*, so gilt: $R^* = \sum_{i=0}^{n-1} (x^*)^i \cdot R$, R* ist regulär und lokal von der Dimension r und $(x^*,x_2,\dots,x_r)$ ist ein System regulärer Parameter des maximalen Ideals von R^*. Die Galoisgruppe der Überlagerung F^*/F ist zyklisch von der Ordnung n.

Beweis: Dass das Polynom f(Z) irreduzibel über F ist folgt z.B. aus dem Eisensteinschen Kriterium, angewandt bezüglich des Ringes R. Dann ist die Erweiterung F^*/F vom Grade n und auch zyklisch, da die n-ten Einheitswurzeln in F liegen.

Nun sei v diejenige diskrete Bewertung von F vom Rang 1, welche zum Bewertungsring $R_{x\cdot R}$ gehört. ($R_{x\cdot R}$ ist die Lokalisierung von R nach dem Ideal $x\cdot R$.) Ist v^* eine Fortsetzung von v auf F^*, so gilt $n\cdot v^*(x^*) = v^*(x)$. Deshalb hat v genau eine Fortsetzung auf F^*, welche voll verzweigt ist.
Die Diskriminante von f(Z) ist $n^n\cdot x^{n-1}$. Es gilt daher $F^* = \sum_{i=0}^{n-1}(x^{*i}\frac{x^{1-n}}{n^n})\cdot F = \sum_{i=0}^{n-1}(x^{*i}x^{1-n})\cdot F$ und weiter, ist $u^*\in R^*$ und $u^* = \sum_i (x^{*i}x^{1-n})u_i$ mit $u_i \in F$, so folgt $u_i \in R$. (Vgl. van der Waerden [44], S.122) Da offensichtlich $v^*(u^*) \geq 0$ ist und da die v^*-Werte der von Null verschiedenen Faktoren der obigen Summe verschieden sind, so folgt $v^*(x^{*i}\cdot x^{1-n}u_i) \geq 0$ und daraus $v^*(x^{1-n}u_i) \geq 0$, d.h. $x^{1-n}u_i \in R_{x\cdot R}$, oder $x^{1-n}u_i = \frac{a}{b}$ mit $a,b\in R$ und $b\notin x\cdot R$. Also gilt in R die Gleichung $b\cdot u_i = a\cdot x^{n-1}$. Da R ein Ring mit eindeutiger Primfaktorzerlegung ist (vgl. [59], II, S.404), so folgt $x^{n-1}\mid u_i$ in R, oder $x^{1-n}\cdot u_i \in R$. Es gilt somit $R^* = \sum_{i=0}^{n-1} x^{*i}\cdot R$ und der Rest folgt daraus unmittelbar.

(4.3) Lemma: Es sei (R,m) ein regulärer, lokaler Ring der Dimension r mit Quotientenkörper F und Restklassenkörper k. $(x_1,\dots,x_r)$ sei ein System regulärer Parameter von R. $n_1,\dots,n_\rho$ ($\rho \leq r$) seien natürliche Zahlen prim zu Charakteristik k. Wir nehmen an, dass R die n_i-ten Einheitswurzeln enthält $(i=1,\dots,\rho)$.

$F^* = F(\sqrt[n_1]{x_1},\dots,\sqrt[n_\rho]{x_\rho})$ sei diejenige galoissche Körpererweiterung von F, welche man durch Adjunktion einer n_i-ten Wurzel x_i^* aus x_i erhält, $i = 1,\dots,\rho$.

Dann gilt: Der ganze Abschluss von R in F^* ist ein regulärer lokaler Ring (R^*,m^*) und es gilt $m^* = (x_1^*,x_2^*,\dots,x_\varrho^*, x_{\varrho+1},\dots,x_r)$. Die Galoisgruppe der Erweiterung F^*/F ist das direkte Produkt der ϱ zyklischen Gruppen mit den Ordnungen $n_1,\dots,n_\varrho$.

Beweis: Man führe Induktion nach ϱ und benutze Lemma (4.2).

Nun der Beweis von Satz (4.1): Es sei X" die Quotientenmannigfaltigkeit von X' bezüglich der Gruppe I(P'/P). (Ist $F'' = F'^{I(P'/P)}$ der Fixkörper von I(P'/P), so ist X" die Normalisierung von X in F".) Offensichtlich ist X' eine galoissche Überlagerung von X", $f : X' \longrightarrow X''$ sei die Überlagerungsabbildung. $P'' = f(P')$ sei der Bildpunkt von P' auf X". Dann hat man das Überlagerungsdiagramm $X' \xrightarrow{f} X'' \xrightarrow{f''} X$ und es gilt: P" ist unverzweigt in der Überlagerung $X'' \xrightarrow{f''} X$ und daher ein regulärer Punkt von X". Weiter ist aus der Verzweigungstheorie lokaler Ringe bekannt (vgl. [7], S.36), dass über dem Punkt $P'' \in X''$ in der Überlagerung $X' \xrightarrow{f} X''$ genau ein Punkt liegt, nämlich der Punkt P'. Darüberhinaus hat die Verzweigungsmannigfaltigkeit von $X' \xrightarrow{f} X''$ in P" einen normalen Schnitt als Singularität, denn ist $(O_{P''},m_{P''})$ der lokale Ring von P" auf X" und (O_P,m_P) der lokale Ring von P auf X, so ist $O_{P''} \supseteq O_P$, und m_P erzeugt das Ideal $m_{P''}$. Insbesondere ist ein System regulärer Parameter von O_P auch ein System regulärer Parameter von $O_{P''}$. Ist ϑ das Ideal in O_P, welches zu der Verzweigungsmannigfaltigkeit Δ von $X' \xrightarrow{f'} X$ gehört, so definiert $\vartheta \cdot O_{P''}$ lokal in P" eine Teilmannigfaltigkeit von X", welche die Verzweigungsmannigfaltigkeit Δ'' der Überlagerung $X' \xrightarrow{f} X''$ enthält. Da die durch $\vartheta \cdot O_{P''}$ definierte Mannigfaltigkeit im Punkte P" einen normalen Schnitt hat, so hat auch Δ'' in P" einen normalen Schnitt als Singularität.

Es gilt nun die Überlagerung $X' \xrightarrow{f} X''$ im Punkte P" zu studieren. Anders gesagt, wir können beim Beweis von Satz (4.1) annehmen, dass in der galoisschen Überlagerung $X' \xrightarrow{f'} X$ über dem k-wertigen Punkt $P \in X$ nur ein Punkt $P' \in X'$ liegt. Δ sei wieder die Verzweigungsmannigfaltigkeit von $X' \xrightarrow{f'} X$. Dann ist die

Trägheitsgruppe von P gleich der Galoisgruppe G von $X' \xrightarrow{f'} X$. Es sei nun $x_1,\ldots,x_r$ ein System regulärer Parameter von P, so dass $x_1 = 0,\ldots,x_s = 0$, $s \leq r$, lokale Gleichungen sind für die irreduziblen Komponenten $\Delta_1,\ldots,\Delta_s$ von Δ, welche durch P gehen. Δ_i' sei eine irreduzible Komponente von $f'^{-1}(\Delta_i)$ und n_i sei der Verzweigungsindex von Δ_i in der Überlagerung $X' \xrightarrow{f'} X$. Es sei x_j^* eine n_j-te Wurzel von x_j in einem festen, algebraisch abgeschlossenen Erweiterungskörper Ω von $F(X)$. Weiter seien $F_2 = F'(x_1^*,\ldots,x_s^*)$ und $F_1 = F(x_1^*,\ldots,x_s^*)$. ($F$, F' sind die Funktionenkörper von X bzw. X'.) X_2 sei die Normalisierung von X' in F_2 und X_1 die Normalisierung von X in F_1.

Wir haben somit das Überlagerungsdiagramm:

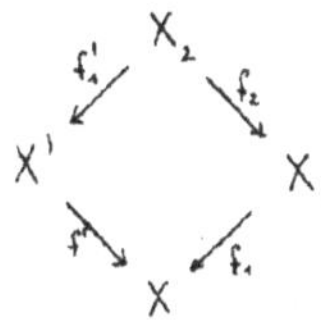

$P_2 \in X_2$ sei ein Punkt, welcher über dem Punkt $P' \in X'$ liegt und $P_1 \in X_1$ sei der Bildpunkt von P_2 bei der Überlagerung $X_2 \xrightarrow{f_2} X_1$. Nach Lemma (4.3) folgt, dass P_1 regulärer Punkt von X_1 ist und dass $(x_1^*,\ldots,x_s^*, x_{s+1},\ldots,x_r)$ das maximale Ideal des lokalen Ringes von P_1 auf X_1 erzeugt. Aus dem Lemma von Abhyankar (vgl. Vorlesung zwei) und wegen der Tatsache, dass die Verzweigungsmannigfaltigkeit von $X_2 \xrightarrow{f_2} X_1$ lokal in P_1 von der reinen Kodimension 1 ist und in $f_1^{-1}(\Delta)$ enthalten, schliesst man, dass P_1 in der Überlagerung $X_2 \xrightarrow{f_2} X_1$ unverzweigt ist.

Das ergibt nach Lemma (1.25): Die Trägheitsgruppen $I(P_2/P)$ und $I(P_1/P)$ stimmen überein. Die Letztere der Gruppen ist aber nach Lemma (4.3) gleich dem direkten Produkt der s zyklischen Gruppen der Ordnungen $n_1,\ldots,n_s$. Insbesondere ist $I(P_2/P)$ abelsch. Betrachtet man die Überlagerung $X_2 \xrightarrow{f_1'} X' \xrightarrow{f'} X$ und benutzt wiederum Lemma (1.25), so ergibt sich: Die Trägheitsgruppe $I(P'/P)$ ist Faktorgruppe von $I(P_2/P)$. Sie ist deshalb abelsch und hat auch s Erzeugende. Das beweist Satz (4.1).

Die folgende Aussage ergibt das lokale Nichtaufspalten über normalen Schnitten in zahm verzweigten Überlagerungen.

(4.4) Satz: Es sei $X' \xrightarrow{f'} X$ eine irreduzible, normale, galoissche und zahm verzweigte Überlagerung von X (X sei regulär und von der Dimension r). Δ sei die Verzweigungsmannigfaltigkeit von $X' \xrightarrow{f'} X$ und L sei eine reduzierte Teilmannigfaltigkeit von X, welche Δ umfasst. W sei eine irreduzible Komponente von L. Es sei P ein k-wertiger Punkt von W. Wir nehmen an, L habe in P einen normalen Schnitt als Singularität. Dann gilt: Ist $P' \in X'$ ein Punkt über P, so spaltet W lokal in P' nicht auf, d.h. nur eine von den irreduziblen Komponenten von $f'^{-1}(W)$ enthält P'.

Mit den Bezeichnungen im Beweis von Satz (4.1) sei $(x_1,\ldots,x_r)$ ein System regulärer Parameter von P auf X, so dass $x_1 = 0,\ldots,x_s = 0$ lokale Gleichungen für die irreduziblen Komponenten $L_1,\ldots,L_s$ von L sind, welche durch P gehen. $x_1 = 0$ soll die irreduzible Mannigfaltigkeit W im Punkte P beschreiben. Es sei n_i der Verzweigungsindex der Mannigfaltigkeit L_i in der Überlagerung $X' \xrightarrow{f'} X$. x_i^* sei eine n_i-te Wurzel aus x_i (in dem algebraisch abgeschlossenen Erweiterungskörper Ω von F(X)). Wie auf Seite 33 führen wir die Körper $F_1 = F(x_1^*,\ldots,x_s^*)$ und $F_2 = F'(x_1^*,\ldots,x_s^*)$ ein. (F,F' sind die Funktionenkörper von X bzw. X'). X_1 sei die Normalisierung von X in F_1 und X_2 die Normalisierung von X' in F_2. Dann ist wieder das Überlagerungsdiagramm

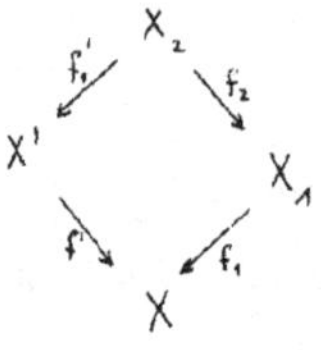

zu betrachten.

Spaltet W lokal in den Punkt $P' \in X$ auf, so zerfällt W wegen der Sätze von Cohen-Seidenberg (vgl. [7], S.11ff) auch lokal in Punkte $P_2 \in X_2$. Es genügt deshalb zu zeigen, dass W in P_2 lokal nicht aufspaltet. Man sieht wie in Beweis von Satz (4.1), P_2 ist in der Überlagerung $X_2 \xrightarrow{f_2} X_1$ unverzweigt. Zusammen mit Lemma (4.3) schliesst man daraus, dass $x_1^*,\ldots,x_s^*$, $x_{s+1},\ldots,x_r$ ein Erzeugendensystem für das maximale Ideal des Punktes P_2 auf X_2 ist. Das reduzierte inverse Bild von W in der Überlagerung $X_2 \xrightarrow{f_1 \circ f_2} X$ wird daher lokal in P_2 durch die Gleichung $x_1^{*n_1} = x_1 = 0$ definiert. Da x_1^* lokaler Parameter in P_2 auf X_2 ist, also ein Primelement im lokalen Ring von P_2 (dieser Ring ist regulär und daher ein Ring mit eindeutiger Primfaktorzerlegung), sieht man, dass $f'^{-1}(W)$ in P_2 irreduzibel ist und deshalb nicht aufspaltet.

Wir benötigen noch den folgenden Satz:

(4.5) Satz: X sei eine irreduzible, reguläre, quasiprojektive Mannigfaltigkeit der Dimension $r \geqslant 2$ über dem Körper k. $X' \xrightarrow{f'} X$ sei eine irreduzible, galoissche und normale Überlagerung, welche zahm verzweigt ist. $\Delta \neq \phi$ sei die Verzweigungsmannigfaltigkeit von $X' \xrightarrow{f'} X$ und P sei ein regulärer, k-wertiger Punkt von Δ. W sei eine irreduzible Teilmannigfaltigkeit von X von Kodimension 1, auf welcher P liegt und regulär ist. Weiter soll W die Mannigfaltigkeit Δ in P transversal schneiden. Dann gilt: Ist $P' \in X'$ ein Punkt, welcher in der Überlagerung $X' \xrightarrow{f'} X$ über P liegt, so ist P' regulärer Punkt der Mannigfaltigkeit X', $f'^{-1}(\Delta)$ und $f'^{-1}(W)$. ($f'^{-1}(\Delta)$ bzw. $f'^{-1}(W)$ bezeichnet die reduzierten Fasern von f' über Δ bzw. W.)

Beweis: I sei die Trägheitsgruppe von P' in der Überlagerung $X' \longrightarrow X$. $X'^{I} = Y$ sei die Quotientenmannigfaltigkeit von X' nach I. (Y ist die Normalisierung von X im Fixkörper $F(X')^{I}$ von I.) Dann hat man das Überlagerungsdiagramm

$$X' \xrightarrow{g'} Y \xrightarrow{h'} X, \qquad X' \xrightarrow{f'} X.$$

g' bzw. h' sind die Projektionsabbildungen.

Q sei der Bildpunkt von P' auf Y bei g'. Dann ist die Überlagerung $Y \xrightarrow{h'} X$ im Punkt Q unverzweigt und deshalb etal. Insbesondere ist Q ein regulärer Punkt von Y.

Es seien $u = 0$ bzw. $v = 0$ Gleichungen für Δ bzw. W lokal im Punkte P auf X. (u,v sind Elemente aus dem lokalen Ring von P auf X.) Da nach Voraussetzung die Mannigfaltigkeit $\Delta \cup W$ im Punkte P einen normalen Schnitt als Singularität hat folgt, dass u,v reguläre Parameter in P auf X sind. Da $Y \xrightarrow{f'} X$ in Q unverzweigt ist schliesst man, u,v sind auch reguläre Parameter in Q auf Y. Das zeigt zunächst, dass die inversen Bilder von Δ bzw. W in Y bei dem Morphismus h' regulär im Punkte Q sind. Es bleibt daher die Überlagerung $X' \xrightarrow{g'} Y$ im Punkte P' zu studieren, welche dort voll verzweigt ist. Nach Satz (4.1) ist die Galoisgruppe von $X' \xrightarrow{g'} Y$ (das ist nach Konstruktion die Trägheitsgruppe I von P' in der Überlagerung $X' \xrightarrow{f'} X$) zyklisch mit einer Ordnung prim zu p = Charakteristik k. Es sei n = Ordnung von I. $O_{Q,Y}$ sei der lokale Ring von Q auf Y. Das ist ein Ring mit eindeutiger Primfaktorzerlegung, denn $O_{Q,Y}$ ist regulär. (Vgl. [59], II, S.404.) $F(Y) = F$ sei der Funktionenkörper von Y und $F' = F(X)$ der Funktionenkörper von X'. Dann gilt nach der Kummerschen Theorie $F' = F(z)$, wobei $z^n = a$ mit $a \in F$ ist. Wir schreiben $a = \frac{f}{g}$ mit $f,g \in O_{Q,Y}$ und $(f,g) = 1$ bezüglich der Teilbarkeit in $O_{Q,Y}$. Ist $g \neq 1$, so nehmen wir $g \cdot z = z^*$ als Erzeugende von F' über F. Dann gilt $(z^*)^n = f^*$ mit $f^* \in O_{Q,Y}$. Ist $f^* = \varepsilon \cdot f_1^{\alpha_1} \cdot \ldots \cdot f_s^{\alpha_s}$ die Primfaktorzerlegung von f^* in $O_{Q,Y}$, ε ist eine Einheit in $O_{Q,Y}$, so kann man annehmen, dass für die Exponenten α_i die Bedingung $0 < \alpha_i < n$ erfüllt ist, sonst kann man das durch geeignete Änderung der Erzeugenden z^* erreichen. (Beachte, z^* kann durch $z^* \cdot u$, mit $u \neq 0$, $u \in F$ ersetzt werden.) Jedes der Primelemente f_i definiert lokal in Q eine irreduzible Teilmannigfaltigkeit von Y, welche in der Überlagerung $X' \xrightarrow{g'} Y$ verzweigt. Da nach Voraussetzung die Verzweigungsmannigfaltigkeit von $X' \xrightarrow{g'} Y$ lokal in Q aus einer irreduziblen Komponenten, nämlich aus $h'^{-1}(\Delta)$ besteht, so folgt, dass f^* von der Gestalt $f^* = \varepsilon \cdot u^{\alpha}$ gewählt werden kann, wobei ε eine Einheit in $O_{Q,Y}$ ist und $0 < \alpha < n$ eine natürliche Zahl.

Es gibt also eine Erzeugende z von F' über F, so dass $z^n = \varepsilon \cdot u^{\alpha}$ ist. Da der Grad von F'/F gleich n ist, folgt $(n,\alpha) = 1$. Sei $an + b\alpha = 1$ mit $a,b \in \mathbb{Z}$.

Dann gilt

$$z^{b\cdot n} = \varepsilon^{b}.u^{b\cdot\alpha} = \varepsilon^{b}.u^{1-a\cdot n}$$

oder

$$(z*)^{n} = (z^{b}.u^{a})^{n} = \varepsilon^{b}.u = u'$$

und z* ist wieder eine Erzeugende von F' über F.

Unsere Überlegungen zeigen, dass X' die Normalisierung von Y in F' = F(z*) ist, wobei $(z*)^n = u'$ die definierende Gleichung für z* und u' ein regulärer Parameter im Punkte Q auf Y ist. Wählt man im lokalen Ring $O_{Q,Y}$ ein System regulärer Parameter der Gestalt $(u',v,x_2,\ldots,x_r)$ (r = dim X, v = 0 lokale Gleichung für $h^{-1}(W)$ im Punkte Q), so folgt aus Lemma (4.3), dass $(z*,v,x_2,\ldots,x_r)$ ein System regulärer Parameter des lokalen Ringes von P' auf X' ist. (Beachte, der lokale Ring $O_{P',X'}$ ist der ganze Abschluss von $O_{Q,Y}$ in F'.) $f^{-1}(\Delta)$ ist lokal in P' durch z* = 0 definiert und $f^{-1}(W)$ lokal in P' durch v = 0. Da z* und v reguläre Parameter im regulären Punkt P' von X' sind, folgt daraus die Regularität von P' auf $f^{-1}(\Delta)$ und $f^{-1}(W)$.

(4.6) Bemerkung: Die angeführten Sätze gelten im allgemeinen nicht mehr, wenn die irreduzible, galoissche und normale Überlagerung $X' \xrightarrow{f'} X$ nicht zahm verzweigt ist.

Abhyankar zeigt in [8] und [60] durch Beispiele, dass für dim X = 2, Charakteristik k $\neq$ 0 und $P \in \Delta$ ein einfacher Punkt von Δ folgendes auftreten kann:

(1) Die lokale Galoisgruppe I(P'/P) ist nicht auflösbar.

(2) $f'^{-1}(\Delta)$ spaltet in $P' \in f'^{-1}(\Delta)$ auf.

(3) Die Punkte P' von X', welche über P liegen, sind singulär auf X'.

Diese Bemerkung zeigt schon, dass die Verzweigungstheorie in Charakteristik $\neq$ 0 eine ganz andere wird als in Charakteristik 0, wenn man dort nicht zahm verzweigte Überlagerungen betrachtet. In Vorlesung dreizehn kommen wir darauf zurück.

Fünfte Vorlesung

DIE STRUKTUR DER FAKTORKOMMUTATORGRUPPE VON $\pi_1^{(z)}(P^n-C)$. ERZEUGENDE UND RELATIONEN FÜR $\pi_1^{(z)}(P^n-C)$, WENN C NUR NORMALE SCHNITTE ALS SINGULARITÄTEN HAT.

P^n/k bezeichnet den projektiven Raum der Dimension $n \geq 1$ über dem algebraisch abgeschlossenen Körper k der Charakteristik $p \geq 0$.
C/k sei eine reduzierte Hyperfläche des P^n und $C = C_1 \cup \cdots \cup C_s$ sei die Zerlegung von C in irreduzible Komponenten.
$x_1,\ldots,x_n$ seien affine Koordinaten des P^n, so dass die unendlich ferne Hyperebene H_∞ verschieden von den Hyperflächen C_i, $i = 1,\ldots,s$, ist.
$k[x_1,\ldots,x_n]$ sei der Polynomring über k in den Variablen $x_1,\ldots,x_n$ und $K = k(x_1,\ldots,x_n)$ sei der Funktionenkörper von P^n.
$f_i(x_1,\ldots,x_n)$ seien irreduzible Polynome aus $k[x_1,\ldots,x_n]$, welche die Hyperflächen C_i, $i = 1,\ldots,s$, definieren und es sei d_i = Grad f_i.
(Beachte, ist $n = 1$, so ist C_i ein Punkt auf P^1/k und es ist $d_i = 1$.)
Uns interessieren zuerst die irreduziblen, abelschen und normalen Überlagerungen des P^n, welche höchstens über C zahm verzweigt sind. (Es wird sich übrigens zeigen, dass alle diese Überlagerungen einen Grad prim zu p haben.) Der folgende Satz approximiert das Gewünschte weitgehend.

<u>(5.1) Satz:</u> m sei eine natürliche Zahl prim zu p. Ω sei der algebraische Abschluss von K und $f_i^{1/m}$ bezeichnet eine m-te Wurzel aus $f_i \in k[x_1,\ldots,x_n] \subset K$ in Ω (f_i = Polynom zu C_i). Dann gilt: Der Körperturm $\{L_m = K(f_1^{1/m},\ldots,f_s^{1/m});\ m \in \mathbb{N}$ prim zu $p\}$ schöpft die abelschen Erweiterungskörper L von K in Ω aus, welche die Eigenschaft haben, dass die Normalisierung des P^n in L höchstens über C und H_∞ zahm verzweigt ist (d.h. jede solche abelsche Erweiterung von K ist in einem der Körper $K(f_1^{1/m},\ldots,f_s^{1/m})$ enthalten). Die Galoisgruppe G_m der

Körpererweiterung $K(f_1^{1/m},\dots,f_s^{1/m})/K$ ist das direkte Produkt von s zyklischen Gruppen der Ordnung m.

Beweis: Es sei L/K eine endliche, abelsche Erweiterung von K, sodass die Normalisierung von P^n in L höchstens über C und H_∞ zahm verzweigt ist. L/K ist als abelsche Erweiterung Kompositum von zyklischen Erweiterungen von K. Zum Nachweis, dass $L \subseteq K(f_1^{1/m},\dots,f_s^{1/m})$ ist, für ein geeignetes m, genügt es deshalb zu zeigen, dass jede zyklische Erweiterung von K der angegebenen Art in einem der Körper $K(f_1^{1/m},\dots,f_s^{1/m})$ liegt.

Es sei nun L/K eine zyklische Erweiterung von K vom Grade m, in welcher höchstens $C_1,\dots,C_s$ und H_∞ zahm verzweigt sind.

Behauptung: m ist prim zu p und $L \subseteq K(f_1^{1/m},\dots,f_s^{1/m})$.

Wir zeigen zuerst, dass m prim zu p ist. Dazu sei V die Normalisierung des P^n in L und $V \xrightarrow{f} P^n$ die Überlagerungsabbildung. Da $G = G(L/K)$ abelsch ist folgt, die Trägheitsgruppe der verschiedenen irreduziblen Komponenten von $f^{-1}(C_i)$ (sie sind nach der allgemeinen Theorie konjugiert in G) stimmen überein. I_i sei im folgenden die Trägheitsgruppe einer beliebigen irreduziblen Komponenten von $f^{-1}(C_i)$, $i = 1,\dots,s$. Dann ist die Ordnung von I_i prim zu p für $i = 1,\dots,s$, denn nach Voraussetzung sind die C_i zahm verzweigt in V. Es sei I die von den I_i, $i = 1,\dots,s$, in G erzeugte Untergruppe. Die Quotientenmannigfaltigkeit V^I von V nach I (das ist die Normalisierung des P^n im Fixkörper L^I von L) ist dann nach allgemeinen Sätzen der Verzweigungstheorie (man schliesst wie in Vorlesung drei) als Überlagerung des P^n über C unverzweigt. Genauer gesagt sind die allgemeinen Punkte der Hyperflächen C_i in V^I unverzweigt.

Also ist V^I eine Überlagerung des P^n, welche höchstens über H_∞ zahm verzweigt ist. Am Ende dieser Vorlesung (Proposition 5.11) zeigen wir, dass der P^n/k keine nicht trivialen Überlagerungen dieser Art hat. Benutzt man dieses Ergebnis hier, so ergibt sich $V^I = P^n$, oder $I = G$. Da I eine zu p prime Ordnung hat folgt daraus, dass m prim zu p ist.

Nach der Kummerschen Theorie ist L/K der Zerfallungskörper einer reinen Gleichung $X^m - y$ mit $y \in K$. Wir schreiben $y = \frac{\varphi(x)}{\psi(x)}$, wobei $\varphi(x) = \varphi(x_1,\dots,x_n)$, $\psi(x) = \psi(x_1,\dots,x_n)$ teilerfremde Polynome aus $k[x_1,\dots,x_n]$ sind. Es ist einfach einzusehen, dass die Gleichungen $X^m - yu^m$ mit $u \in K$, $u \neq 0$, ebenfalls den Körper L als Zerfallungskörper haben. Wählt man u geeignet, so kann man erreichen, dass y ein Polynom in $x_1,\dots,x_n$ ist. (Wähle z.B. $u = \psi(x_1,\dots,x_n)$.) Das wird im folgenden angenommen. Es sei $y = \varphi(x) = \varphi_1(x)^{\alpha_1} \cdot \ldots \cdot \varphi_r(x)^{\alpha_r}$ die Primfaktorzerlegung von y in $k[x_1,\dots,x_n]$. Dann kann man durch die Abänderung $y \longrightarrow yu^m$ mit $u \in K$ das Element y so präparieren, dass die Exponenten α_i in der Primfaktorzerlegung von y die Bedingungen $0 < \alpha_i < m$ erfüllen, für $i = 1,\dots,r$.

Wir überlegen uns, dass die durch die irreduziblen Polynome $\varphi_i(x)$ definierten Bewertungen v_i von K in der Erweiterung L verzweigt sind. Ist nämlich v_i' eine Bewertung von L, welche v_i fortsetzt, so gilt: Wenn $x \in L$ eine Wurzel von $X^m - \varphi_1^{\alpha_1} \cdots \varphi_r^{\alpha_r}$ ist, $v_i'(x^m) = m \cdot v_i'(x) = \alpha_i \cdot v_i'(\varphi_i) = \alpha_i \cdot e_i\, v_i(\varphi_i) = \alpha_i \cdot e_i$. Da $v_i'(x) \geq 1$, folgt $e_i > 1$, d.h. v_i' ist in L/K verzweigt.

Die Voraussetzung, dass L/K nur über C_i und H_∞ verzweigt ist, hat zur Folge, dass die irreduziblen Polynome $\varphi_i(x)$ gewisse der Hyperflächen C_i definieren, d.h. die $\varphi_i(x)$ sind bis auf einen Faktor aus k gleich gewissen der Polynome f_i.

O.E. sei deshalb $\varphi_1 = f_1,\dots,\varphi_r = f_r$, $r \leq s$.

Das zeigt: $L \subseteq K(\sqrt[m]{f_1^{\alpha_1}},\dots,\sqrt[m]{f_s^{\alpha_s}})$ und da $K(\sqrt[m]{f_i^{\alpha_i}}) \subseteq K(\sqrt[m]{f_i})$ trivial ist, folgt $L \subseteq K(\sqrt[m]{f_1},\dots,\sqrt[m]{f_s})$.

Es bleibt noch zu zeigen, dass die Galoisgruppe von $K(\sqrt[m]{f_1},\dots,\sqrt[m]{f_s})/K$ das direkte Produkt von s zyklischen Gruppen der Ordnung m ist. Klar ist, dass die Galoisgruppe G^i von $K(\sqrt[m]{f_i})/K$ zyklisch von der Ordnung m ist, denn das Polynom $X^m - f_i$ ist irreduzibel über $K[x_1,\dots,x_n]$ (Eisensteinsches Kriterium). Da $K(\sqrt[m]{f_1},\dots,\sqrt[m]{f_s})$ das Kompositum der Körper $K(\sqrt[m]{f_i})$ ist, folgt nach der Galoistheorie, die Galoisgruppe von L/K ist Untergruppe des direkten Produkts

$G^1 \times G^2 \times \ldots \times G^s$, wobei $G^i = \mathbb{Z}/m$ die Galoisgruppe von $K(\sqrt[m]{f_i})/K$ ist.

Wenn wir zeigen können, dass die Körpererweiterung L_m/K den Grad m^s hat, sind wir fertig. Dies geschieht durch Induktion nach s. s = 1 ist im Vorangehenden schon erledigt. Um den Induktionsschritt von s-1 auf s durchzuführen bemerken wir: Ist v_1 die Bewertung von K, welche durch das irreduzible Polynom $f_1(x_1,\ldots,x_n) \in k[x_1,\ldots,x_n]$ definiert ist, es ist dann $v_1(f_1) = 1$, und ist v_1' eine Fortsetzung von v_1 auf L_m, so gilt $v_1'(f_1) = m$, wenn v_1' auf 1 normiert ist, d.h. v_1' ist in L_m/K von der Ordnung m verzweigt. Nun überlegt man sich leicht, dass für i $\neq$ 1 die Bewertung v_1 in $K(\sqrt[m]{f_i})$ unverzweigt ist. Dann ist v_1 aber auch in $K(\sqrt[m]{f_2},\ldots,\sqrt[m]{f_s})$ unverzweigt. Zusammengenommen ergibt dies, dass $L_m/K(\sqrt[m]{f_2},\ldots,\sqrt[m]{f_s})$ eine Erweiterung vom Grade m ist und damit dem Induktionsschritt.

Ist v_i' eine beliebige Fortsetzung der Bewertung v_i von K auf den Körper L_m und ist $I(v_i'/v_i)$ die Trägheitsgruppe von v_i' bezüglich der Erweiterung L_m/K, so ergibt sich aus dem Beweis von Satz (5.1), dass $I(v_i'/v_i)$ als Untergruppe von G_m gerade die Gruppe G^i ist und damit

<u>(5.2) Korollar:</u> Die Gruppe G_m ist direktes Produkt der Trägheitsgruppen $I(v_i'/v_i)$, i = 1,...,s. Sind τ_i Erzeugende von $I(v_i'/v_i)$ (beachte $I(v_i'/v_i)$ ist zyklisch), so gilt also: $G_m = \langle\tau_1\rangle \times \cdots \times \langle\tau_s\rangle$.

Geht man deshalb bei den Körpererweiterungen $K(\sqrt[m]{f_1},\ldots,\sqrt[m]{f_s}) = L_m$ von Satz (5.1) mit m nach ∞ und erinnert man sich an Vorlesung eins, so erhält man die folgende Aussage über die Gruppe $\widehat{\pi}_1^{(z)}(P^n-(C_1 \cup \cdots \cup C_s \cup H_\infty))$:

<u>(5.3) Satz:</u> (1) Ist Charakteristik k = 0, so ist die Faktorkommutatorgruppe von $\widehat{\pi}_1^{(z)}(P^n-(C_1 \cup \cdots \cup C_s \cup H_\infty))$ bis auf Isomorphie die Komplettierung der Gruppen $\underbrace{\mathbb{Z} \times \cdots \times \mathbb{Z}}_{s\text{-mal}}$, also die freie, abelsche, profinite Gruppe mit s Erzeugenden.

(Beachte, da Charakteristik $k = 0$, ist $\pi_1^{(z)}(P^n - C_i - H_\infty) = \pi_1(P^n - C_i - H_\infty)$).

(2) Ist Charakteristik $k = p > 0$, so ist die Faktorkommutatorgruppe von $\pi_1^{(z)}(P^n - (C_i \cup H_\infty))$ gleich der Komplettierung der Gruppe $\underbrace{\mathbb{Z} \times \cdots \times \mathbb{Z}}_{s\text{-mal}}$ modulo der von den p-Sylowgruppen von $\mathbb{Z} \times \cdots \times \mathbb{Z}$ erzeugten Untergruppe.

(5.4) Bemerkung: Beachtet man, dass die Faktorkommutatorgruppe $\mathcal{H}_1^{(z)}(P^n - (C_1 \cup \cdots \cup C_s \cup H_\infty))$ von $\pi_1^{(z)}(P^n - (C_1 \cup \cdots \cup C_s \cup H_\infty))$ projektiver Limes der Galoisgruppe G_m der Körpererweiterungen $K(\sqrt[m]{f_1}, \dots, \sqrt[m]{f_s})/K$ ist und weiter die Struktur von G_m, so ergibt sich: $\mathcal{H}_1^{(z)}(P^n - (C_1 \cup \cdots \cup C_s \cup H_\infty))$ hat s Erzeugende $\tau_1, \dots, \tau_s$, welche mit den Hyperflächen $C_1, \dots, C_s$ in der angegebenen Weise zusammenhängen (sie sind Erzeugende der Trägheitsgruppen dieser Hyperflächen). Weiter ergibt sich, dass die Faktorkommutatorgruppe $\mathcal{H}_1^{(z)}(P^n - (C_1 \cup \cdots \cup C_s))$ von $\pi_1^{(z)}(P^n - (C_1 \cup \cdots \cup C_s))$ homomorphes Bild von $\mathcal{H}_1^{(z)}(P^n - (C_i \cup H_\infty))$ ist. (Beachte Vorlesung eins und die Tatsache, dass $Et^{(z)}(P^n - (C_1 \cup \cdots \cup C_s))$ eine Teilkategorie von $Et^{(z)}(P^n - (C_1 \cup \cdots \cup C_s \cup H_\infty))$ ist.)

$$\psi : \mathcal{H}_1^{(z)}(P^n - (C_1 \cup \cdots \cup C_s \cup H_\infty)) \longrightarrow \mathcal{H}_1^{(z)}(P^n - (C_1 \cup \cdots \cup C_s))$$

sei dieser Homomorphismus. Dann interessiert natürlich eine Beschreibung des Kerns von ψ in Abhängigkeit von den Erzeugenden $\tau_1, \dots, \tau_s$, oder anders gesagt, es interessieren die Relationen zwischen den Erzeugenden $\tau_1, \dots, \tau_s$, welche den Homomorphismus ψ definieren. Darüber können wir sagen:

(5.5) Satz: Sind d_i die Grade der Hyperflächen C_i, so ist die Gruppe $\mathcal{H}_1^{(z)}(P^n - C_1 \cup \cdots \cup C_s))$ in Charakteristik 0 isomorph zur profiniten abelschen Gruppe mit s Erzeugenden $\tau_1, \dots, \tau_s$ und der einzigen Relation $\tau = \tau_1^{d_1} \cdots \tau_s^{d_s} = 1$. Ist Charakteristik $k = p > 0$, so hat man von der eben beschriebenen Gruppe noch den Normalteiler, welcher von den p-Sylowgruppen erzeugt wird, herauszufaktorisieren.

Beweis: Die Bezeichnungen sind wie in Satz (5.1). W_m sei die Normalisierung des P^n im Körper $L_m = K(\sqrt[m]{f_1}, \dots, \sqrt[m]{f_s})$. $G_m = \langle \tau_1 \rangle \times \cdots \times \langle \tau_s \rangle$ sei die Galoisgruppe von L_m/K. Die τ_i seien Erzeugende der Trägheitsgruppen $I(v_i'/v_i)$, welche jedoch noch wie folgt geeignet zu wählen sind. Es sei ω eine feste, primitive m-te Einheitswurzel und $\sqrt[m]{f_i} = f_i^{1/m}$ eine festgewählte m-te Wurzel von f_i. Dann sei τ_i diejenige Erzeugende von $I(v_i'/v_i)$, für welche $\tau_i(\sqrt[m]{f_i}) = \omega\cdot\sqrt[m]{f_i}$ gilt. Dadurch ist τ_i eindeutig bestimmt. Es sei V_m die maximale Überlagerung von P^n zwischen W_m und P^n, in welcher H_∞ unverzweigt ist. (Eine solche Überlagerung gibt es, da H_∞ im Kompositum zweier Überlagerungen des P^n, in welchen H_∞ nicht verzweigt, wieder unverzweigt ist.) Offensichtlich ist die Überlagerung $V_m \longrightarrow P^n$ galoissch.

Zeige: (1) Galoisgruppe der Überlagerung $V_m \longrightarrow P^n$ ist die Faktorgruppe von G_m nach der Relation $\tau = \tau_1^{d_1}\cdot\ldots\cdot\tau_s^{d_s}$.

Wir bemerken, dass in einer abelschen Überlagerung $V \longrightarrow P^n$ die Hyperebene H_∞ genau dann unverzweigt ist, wenn H_∞ in allen zyklischen Überlagerungen des P^n, zwischen V und P^n, unverzweigt ist. Die Aussage (1) ist deshalb gleichwertig mit der folgenden Aussage:

(2) In einer zyklischen Überlagerung V des P^n, welche zwischen W_m und P^n liegt, ist H_∞ genau dann unverzweigt, wenn der Automorphismus $\tau = \tau_1^{d_1}\cdot\ldots\cdot\tau_s^{d_s}$ auf V trivial operiert.

$k(V) = L$ sei der Funktionenkörper von V. Da $V \longrightarrow P^n$ zyklisch und höchstens über den Mannigfaltigkeiten C_i verzweigt ist, gibt es nach den Überlegungen im Beweis von Satz (5.1) eine Erzeugende x von L/K, welche Nullstelle des Polynoms $X^\ell = f_1^{a_1}\cdot\ldots\cdot f_s^{a_s}$ ist, wobei die Zahlen $\ell, a_1, \ldots, a_s$ teilerfremd sind. Operiert τ trivial auf V, so operiert τ auch trivial auf L und umgekehrt, insbesondere gilt $\tau(x) = x$. τ_1 war so gewählt, dass $\tau_1(f_1^{1/m}\cdot\ldots\cdot f_s^{1/m}) = \omega f_1^{1/m}\cdot\ldots\cdot f_s^{1/m}$ ist, wobei ω die oben gewählte, primitive m-te Einheitswurzel ist und $f_i^{1/m}$ die fest gewählte m-te Wurzel aus f_i.

Entsprechendes gilt für die τ_i. Das ergibt die folgende, explizite Beschreibung für $\tau(x)$:

$$(*) \qquad \tau(x) = \tau_1^{d_1}(f_1^{a_1/\ell})\cdot\ldots\cdot\tau_s^{d_s}(f_s^{a_s/\ell}).$$

Da l die Zahl m teilt, ist $\beta_i = \frac{a_i \cdot m}{\ell} = a_i \cdot m'$ eine natürliche Zahl und es gilt $f_i^{\frac{\beta_i}{m}} = f_i^{\frac{a_i}{\ell}}$.

Setzt man dies in die Gleichung (*) ein, so ergibt sich

$$\tau(x) = \omega^{(d_1\beta_1 + \cdots + d_s\beta_s)} f_1^{\beta_1/m} \cdot \ldots \cdot f_s^{\beta_s/m} = \omega^{(d_1a_1 + \cdots + d_sa_s)m'} f_1^{\beta_1/m} \cdot \ldots \cdot f_s^{\beta_s/m}$$

Dies zeigt: $\tau(x) = x$ ist gleichwertig mit $m \mid (a_1d_1 + \cdots + a_sd_s)m'$, oder da $m = m' \ell$ ist, gleichwertig mit $\ell \mid (a_1d_1 + \cdots + a_sd_s)$.

Wir haben daher die Aussage (2) bewiesen, wenn gezeigt ist:

(3) $\ell \mid (a_1d_1 + \cdots + a_sd_s)$ ist gleichwertig mit der Unverzweigtheit von H_∞ in V.

Es sei v die durch H_∞ definierte Bewertung von K und v' sei eine Fortsetzung von v auf L. Die Bewertungen v und v' seien auf 1 normiert.

Sei zunächst v' unverzweigt in L/K, oder damit gleichwertig, H_∞ in $V \longrightarrow P^n$ unverzweigt. Dann folgt aus der Gleichung $x^\ell = f_1^{a_1} \cdot \ldots \cdot f_s^{a_s}$

$$\ell \cdot v'(x) = a_1 v'(f_1) + \cdots + a_s v'(f_s).$$

Wegen der Unverzweigtheit von v' in L gilt $v'(f_i) = v(f_i) = -d_i$ und somit

$$\ell \cdot v'(x) = -\sum_{i=1}^{s} a_i d_i .$$

Da $v'(x)$ eine ganze Zahl ist, folgt daraus $\ell \mid \sum_{i=1}^{s} a_i d_i$.

Es bleibt zu zeigen, dass $\ell \mid \sum_{i=1}^{s} a_i d_i$ die Unverzweigtheit von v in L/K als Folge hat.

Wir können uns das affine Koordinatensystem $x_1, \ldots, x_n$ im P^n so gewählt denken, dass jedes der Polynome $f_i(x)$ das Monom $x_1^{d_i}$ enthält. Offensichtlich ist Ortsuniformisierende von v, d.h. $v(\frac{1}{x_1}) = 1$. Wir schreiben $f_i(x) = x_1^{d_i} \cdot \widetilde{f}(\frac{1}{x_1}, \ldots, \frac{x_n}{x_1})$, wobei $\widetilde{f}(\frac{1}{x_1}, \frac{x_2}{x_1}, \ldots, \frac{x_n}{x_1})$ ein Polynom in $\frac{1}{x_1}, \frac{x_2}{x_1}, \ldots, \frac{x_n}{x_1}$ ist. Dann ist $\widetilde{f}_i$ Einheit bezüglich v.

Die Gleichung $x^\ell - f_1^{a_1} \cdot \ldots \cdot f_s^{a_s} = 0$ schreibt sich dann in der Form

$$x^\ell - x_1^{\sum a_i d_i} \cdot \widetilde{f}_1^{a_1} \cdot \ldots \cdot \widetilde{f}_s^{a_s} = 0,$$

oder da $\sum_i a_i d_i = \ell \cdot u, u \in \mathbb{N}$ ist: $\left(\frac{x}{x_1^u}\right)^\ell - \tilde{f}_1^{a_1} \cdot \ldots \cdot \tilde{f}_s^{a_s} = 0$.

Setzt man $\frac{x}{x_1^u} = x'$, so ist auch x' Erzeugende von L/K mit der minimalen Gleichung $x'^\ell - \tilde{f}_1^{a_1} \cdot \ldots \cdot \tilde{f}_s^{a_s} = 0$, wobei nach Konstruktion $\tilde{f}_1^{a_1} \cdot \tilde{f}_2^{a_2} \cdot \ldots \cdot \tilde{f}_s^{a_s}$ eine Einheit bezüglich v ist. Das zeigt, dass v in L/K nicht verzweigt, denn das Polynom $X^\ell - \tilde{f}_1^{a_1} \cdot \ldots \cdot \tilde{f}_s^{a_s}$ hat über dem Restklassenkörper von v ℓ verschiedene Lösungen und v daher nach dem Henselschen Lemma ℓ verschiedene Fortsetzungen auf L.

Die angestellten Überlegungen zeigen folgendes: Sind die Erzeugenden $\tau_i, i = 1,\ldots,s$, der Gruppe G_m wie auf Seite 41 gewählt, so gilt:

<u>(5.6) Proposition:</u> Der Fixkörper $L_{m,\infty}$ von $\tau = \tau_1^{d_1} \cdot \ldots \cdot \tau_s^{d_s}$ ist der maximale, in L_m enthaltene, Erweiterungskörper von K, in welchem die Bewertung v nicht verzweigt.

Ist $\mathcal{L}_\infty$ das Kompositum in Ω der Körper $\{L_{m,\infty}; m \in \mathbb{N}\}$, so gilt:

<u>(5.7) Proposition:</u> Die Galoisgruppe von $\mathcal{L}_\infty$/K ist die profinite, abelsche Gruppe mit s Erzeugenden $\tau_1, \ldots, \tau_s$ und der einzigen Relation $\tau_1^{d_1} \cdot \ldots \cdot \tau_s^{d_s} = 1$, falls Charakteristik K = 0 ist. Ist Charakteristik K = p > 0, so hat man noch die p-Sylowgruppen herauszufaktorisieren.

Nun zeigt Satz (5.1), dass jede abelsche Körpererweiterung L/K, welche höchstens über den Hyperflächen $C_1,\ldots,C_s$ zahm verzweigt ist, in einem der Körper $L_{m,\infty}$ liegt. (L ist zunächst in L_m enthalten, für ein geeignetes m, und damit auch in $L_{m,\infty}$.) Anders gesagt: Das System $\{L_{m,\infty}, m \in \mathbb{N}\}$ erschöpft die abelschen Körpererweiterungen L/K, in welchen die Normalisierung des P^n höchstens über den Hyperflächen C_i, i = 1,...,s, zahm verzweigt.
Übersetzt man das eben Ausgeführte in die Sprache der Überlagerungen, so ergibt sich aus Proposition (5.7) gerade der Satz (5.5).

Die Struktur von $\pi_1^{(z)}(P^n-C)$, falls C nur normale Schnitte als Singularitäten hat.

Wir nehmen im folgenden an, dass $n \geq 2$ ist und dass die Hyperfläche C des P^n/k nur normale Schnitte als Singularitäten hat. Das Wesentliche ist dann der Nachweis, dass unter den gemachten Voraussetzungen die Gruppe $\pi_1^{(z)}(P^n-C)$ abelsch ist.
$C = C_1 \cup \ldots \cup C_s$ sei wieder die Zerlegung der Hyperfläche C in irreduzible Komponenten.
Da $n > 1$, ist die Dimension der vollständigen Linearsysteme, welche durch die Hyperflächen C_i im P^n definiert werden > 1, und zwei beliebige Hyperflächen C_i, C_j schneiden sich. Wenn man noch weiss, dass der P^n keine irreduzible, galoissche und normale Überlagerungen vom Grad $m > 1$ besitzt, welche höchstens über einer Hyperebene H^∞ zahm verzweigt sind (wir beweisen dies in Proposition 5.11), so folgt wie bei Beweis von Satz (3.9):

(5.8) Proposition: Hat C nur normale Schnitte als Singularitäten, so ist jede irreduzible, galoissche und normale Überlagerung des P^n, welche höchstens über C zahm verzweigt ist, abelsch.

Wegen Satz (5.5) hat man daher das folgende Ergebnis über die Struktur von $\pi_1^{(z)}(P^n-C)$.

(5.9) Satz: Es sei $C = C_1 \cup \ldots \cup C_s$ eine reduzierte Hyperfläche des P^n/k mit den irreduziblen Komponenten C_i, welche nur normale Schnitte als Singularitäten hat. d_i sei der Grad von C_i und n sei ≥ 2. Dann gilt: (1) Ist Charakteristik $k = 0$, so ist $\pi_1(P-C)$ isomorph zu der profiniten abelschen Gruppe mit s Erzeugenden $\tau_1, \ldots, \tau_s$ und der einzigen Relation $\tau_1^{d_1} \cdots \tau_s^{d_s} = 1$.
(2) Ist Charakteristik $k = p > 0$, so ist die Gruppe $\pi_1^{(z)}(P^n-C)$ isomorph zu der Faktorgruppe der in (1) beschriebenen Gruppe nach dem von den p-Sylowgruppen erzeugten Normalteiler.
Aus Satz (5.9) folgt sofort

(5.10) Satz: Ist C irreduzibel und regulär vom Grad d, so ist $\pi_1^{(2)}(P^n - C)$ isomorph zur zyklischen Gruppe $\mathbb{Z}/d'$, wobei d' der reduzierte Grad von C ist. (Es ist d'=d, falls Charakteristik k = 0 und $d' = \frac{d}{p^\alpha}$, wobei p^α die höchste p-Potenz von d bezeichnet, falls Charakteristik k = p > 0 ist.)

Es bleibt noch zu zeigen übrig, dass es keine irreduziblen, normalen Überlagerungen des P^n gibt, welche höchstens über einer Hyperebene H_∞ zahm verzweigt sind.

Wir tun dies durch Induktion nach n und lassen n = 1 im folgenden wieder zu.

Für n = 1 folgt die Behauptung aus der Riemann-Hurwitz'schen Relativgeschlechtsformel (vgl. Eichler [14]) wie folgt: $V \longrightarrow P^1$ sei eine irreduzible, normale Überlagerung des P^1 vom Grade m, alles über dem algebraisch abgeschlossenen Körper k, welche höchstens über dem k-wertigen Punkt P_∞ zahm verzweigt ist. F(V) = K/k sei der Funktionenkörper von V und g dessen Geschlecht. Dann gilt nach der Relativgeschlechtsformel

$$(*) \quad 2g - 2 = -2m + \delta ,$$

wobei δ der Grad der Differente der Erweiterung $K/F(P^1)$ ist. Da in der Überlagerung $V \longrightarrow P^1$ höchstens der Punkt P_∞ zahm verzweigt ist, folgt für δ :

$$\delta = \sum_{i=1}^{r}(e_i - 1),$$

wobei e_i die Verzweigungsindizes der Punkte P_∞^i, i=1,...,r, von V sind, welche über P_∞ liegen. Es gilt dann weiter $\sum_{i=1}^{r} e_i = m$, denn k ist algebraisch abgeschlossen. Setzt man dies in die Gleichung (*) ein, so ergibt sich

$$2g = 2 - m - r.$$

Beachtet man, dass g eine ganze Zahl ≥ 0 ist, so folgt m = r = 1 und g = 0, oder $V = P^1$.

Wir nehmen nun an, dass die Behauptung für den P^{n-1} richtig ist und wollen sie für den P^n nachweisen. $V \longrightarrow P^n$ sei eine irreduzible und normale Überlagerung vom Grade m, welche höchstens über der Hyperebene H_∞ zahm verzweigt ist. Es sei

H eine allgemeine Hyperebene des P^n. Dann ist nach dem Satz von Bertini $f^{-1}(H) = W$ irreduzibel und reduziert in V. (Es ist derselbe Schluss wie auf Seite 25.) Nach Satz (4.5) ist die Mannigfaltigkeit W darüberhinaus regulär. f eingeschränkt auf W definiert deshalb eine irreduzible, normale und galoissche Überlagerung $f: W \longrightarrow H$ von H, ebenfalls vom Grad m, welche höchstens über $H \cap H_\infty$ zahm verzweigt ist. Da H zu P^{n-1} isomorph ist und $H \cap H_\infty$ eine Hyperebene im P^{n-1}, folgt nach der Induktionsvoraussetzung $W = H$, also $m = 1$. Dann ist aber auch $V = P^n$.

Wir formulieren dieses Ergebnis als

<u>(5.11) Proposition:</u> Es gibt keine irreduziblen und normalen Überlagerungen des P^n vom Grad > 1, welche höchstens über einer Hyperebene H_∞ zahm verzweigt sind. Insbesondere gibt es keine unverzweigten Überlagerungen des P^n vom Grad > 1, oder anders gesagt, der P^n/k ist einfach zusammenhängend.

<u>(5.12) Bemerkung:</u> Der erste Teil von Proposition (5.11) ist in Charakteristik $p > 0$ nicht mehr richtig, wenn man beliebige irreduzible und normale Überlagerungen zulässt. Um dies einzusehen seien $x_1, \dots, x_n$ affine Koordinaten des P^n/k. H_∞ sei die dadurch zugehörige unendlich ferne Hyperebene des P^n. $K = k(x_1, \dots, x_n)$ ist dann der Funktionenkörper von P^n/k. Ist Charakteristik $k = p > 0$, so sei L der Zerfallungskörper des Polynoms $Y^p - Y - x_1$ über K. Dann ist die Körpererweiterung L/K galoissch und die Normalisierung des P^n in L ist genau über H_∞ verzweigt mit Verzweigungsordnung p.

Sechste Vorlesung

DIE STRUKTUR VON $\widehat{\pi}_1^{(z)}(X-C)$, FALLS X EINE IRREDUZIBLE, REGULÄRE, PROJEKTIVE FLÄCHE IST UND DIE KURVE C "NICHT ZU GROSSE" SINGULARITÄTEN HAT.

Die Grösse der Singularitäten einer irreduziblen Kurve C (für eine reduzierte Kurve C ist der Sachverhalt komplizierter, vgl. S.52) auf einer irreduziblen, regulären, projektiven Fläche X ist eine natürliche Zahl, welche angibt, wie weit die Singularitäten von C von normalen Schnitten entfernt sind. Ist diese Zahl klein und ist X einfach zusammenhängend, so stellt sich heraus, dass $\widehat{\pi}_1^{(z)}(X-C)$ abelsch ist. Unsere Ausführungen stützen sich auf Abhyankar [2].

Quadratische Transformationen von Flächen werden benötigt; wir stellen die wichtigsten Ergebnisse darüber zusammen. Die zugehörigen Beweise finden sich in [40].

X/k sei eine irreduzible, reguläre, projektive Fläche über dem algebraisch abgeschlossenen Körper k. Es sei x ein k-wertiger Punkt von X. Eine reguläre, projektive Fläche X_*/k, zusammen mit einem Morphismus $X_* \xrightarrow{\sigma} X$, heisst die quadratische Transformation von X mit Zentrum x, wenn gilt:

(1) σ ist projektiv.

(2) Die Faser $\sigma^{-1}(x) = L$ von σ über x ist über k isomorph zur projektiven Geraden P^1/k.

(3) σ ist ein Isomorphismus von $X_* - \sigma^{-1}(x)$ auf X-x.

$L = \sigma^{-1}(x)$ heisst die Ausnahmekurve oder Ausnahmegerade von X_*.
Es ist bekannt, dass es zu jedem k-wertigen Punkt $x \in X$ eine quadratische Transformation X_* von X mit x als Zentrum gibt und dass X_* durch die Eigenschaften (1), (2) und (3) bis auf Isomorphie über X eindeutig bestimmt ist. Vgl. dazu [40], S.12 ff und benutze z.B. das Faktorisierungstheorem aus [40], S.55.

Es sei nun $X_* \xrightarrow{\sigma} X$ die quadratische Transformation von X mit x als Zentrum.

Ist D ein Primdivisor auf X (also eine irreduzible Kurve auf X) und ist e die Multiplizität von D im Punkte x (e ist gleich Null, falls $x \notin D$), so ist das <u>volle Urbild</u> $\sigma^{-1}(D)$ bei dem Morphismus σ von der Form:

$$\sigma^{-1}(D) = \sigma'(D) + e \cdot L ,$$

wobei L keine Komponente von $\sigma'(D)$ ist. Wir nennen $\sigma^{-1}(D)$ auch das <u>volle Bild</u> von D bei der quadratischen Transformation $\sigma : X_* \longrightarrow X$.
Der Divisor $\sigma'(D)$ von X_* heisst das <u>eigentliche Bild</u> von D. $\sigma'(D)$ ist irreduzibel und von L verschieden. Vgl. [40], S.19. Die Begriffe <u>volles Bild</u> und <u>eigentliches Bild</u> werden in naheliegender Weise (durch Linearität) auf Divisoren von X ausgedehnt.

Unter dem <u>vollen reduzierten Bild</u> $\sigma^*(D)$ von D verstehen wir den Divisor $\sigma'(D)+L$ bzw. $\sigma'(D)$, jenachdem $e > 0$ bzw. $e = 0$ ist.
Die Bedeutung der quadratischen Transformationen regulärer Flächen liegt darin, dass sie, geeignet angewandt, Kurvenzweige mit verschiedenen Tangenten trennen, den Grad der Berührung von Kurvenzweigen vermindern und die Multiplizität der Kurvenzweige reduzieren. Präzis kann diese Eigenschaft quadratischer Transformation wie folgt formuliert werden.

<u>(6.1) Satz:</u> (Max Noether, vgl. [40], S.38.) Es sei X/k eine irreduzible, reguläre, projektive Fläche, C/k sei ein reduziertes, abgeschlossenes Teilschema von X/k der reinen Dimension 1, kurz eine reduzierte Kurve auf X. Dann gibt es eine reguläre, projektive Fläche Y/k und einen k-Morphismus $\tau : Y \longrightarrow X$, so dass gilt:
(1) τ kann in quadratische Transformationen faktorisiert werden: $Y = X_n \xrightarrow{\sigma_{n-1}} X_{n-1} \xrightarrow{\sigma_{n-2}}$ $\xrightarrow{\sigma_{n-2}} \; \cdots\cdots \; \xrightarrow{\sigma_0} X_0 = X$, $\tau = \sigma_0 \circ \sigma_1 \circ \cdots \circ \sigma_{n-1}$, wobei der Morphismus $\sigma_i : X_{i+1} \longrightarrow X_i$ die quadratische Transformation von X_i mit einem k-wertigen Punkt x_i als Zentrum ist, dessen Bild bei $\sigma_0 \circ \sigma_1 \circ \cdots \circ \sigma_{i-1}$ einer der singulären Punkte von C ist.
(2) Das reduzierte, inverse Bild von C bei τ hat nur normale Schnitte als Singularitäten.

<u>(6.2) Bemerkung:</u> Eine Fläche Y zusammen mit einem Morphismus $Y \xrightarrow{\tau} X$, so dass hinsichtlich der Kurve C der Satz (6.1) erfüllt ist, nennen wir eine <u>Desingularisierung von C durch quadratische Transformationen.</u> Ist τ Produkt von n sukzessiven, quadratischen Transformationen, so sagen wir, die Desingularisierung $\tau : Y \longrightarrow X$ von C ist <u>von der Ordnung n.</u> Studiert man den Beweis von Satz (6.1), so ergibt sich, dass es für jede Kurve C auf X eine (bis auf Isomorphie über X) eindeutig bestimmte Desingularisierung von C durch quadratische Transformationen mit minimalem n gibt. Eine solche Desingularisierung nennen wir eine <u>minimale Desingularisierung</u> von C durch quadratische Transformationen. Diese ist im folgenden von Bedeutung.

Es sei nun X/k eine irreduzible, reguläre, projektive Fläche und C/k eine reduzierte Kurve auf X. $C_1,\ldots,C_s$ seien die irreduziblen Komponenten von C. Wir suchen ein Kriterium dafür, dass $\prod_1^{(2)}(X-C)$ abelsch ist und benutzen wieder die Gedanken der Vorlesung drei.

Wir erinnern daran, dass dort der Nachweis wesentlich war, dass in einer Überlagerung $X' \xrightarrow{f'} X$ von X, welche höchstens in C verzweigt, das inverse (reduzierte) Bild $f'^{-1}(C_i)$ einer irreduziblen Komponenten C_i irreduzibel ist. Um das einzusehen wurde benutzt, dass die Dimension des Linearsystems $|C_i| \geq 2$ ist und dass C nur normale Schnitte als Singularitäten hat und dass deshalb $f'^{-1}(C_i)$ lokal nicht aufspaltet.

Letzteres ist aber in der jetzigen Situation zunächst nicht der Fall. Wir lösen deshalb die Singularitäten von C nach Satz (6.1) durch quadratische Transformationen auf. Es sei $\tau : Y \longrightarrow X$ eine minimale Desingularisierung der Kurve C durch quadratische Transformationen. Dann hat das volle reduzierte Bild $\tau^*(C)$ von C als Kurve von Y nur normale Schnitte als Singularitäten. $\tau'(C_i) = C_i'$ sei das eigentliche Bild von C_i bei τ.

Es sei $X' \xrightarrow{f'} X$ eine irreduzible Überlagerung von X, welche höchstens in C verzweigt ist. Ist L der Funktionenkörper von X', so ist die Normalisierung X_Y' von Y in L eine Überlagerung von Y, $f'_Y: X'_Y \longrightarrow Y$ sei die Überlagerungsabbildung, welche höchstens in $\tau'(C)$ verzweigt ist. Umgekehrt führt jede Überlagerung von Y, welche höchstens in $\tau'(C)$ verzweigt ist, durch den obigen Prozess der Normalisierung zu einer Überlagerung von X mit einer Teilmannigfaltigkeit von C als Verzweigungsmannigfaltigkeit. Man hat deshalb eine Äquivalenz zwischen den Kategorien $\mathcal{E}t(X-C)$ und $\mathcal{E}t(Y- \tau'(C))$.

Es ist klar, dass $f'^{-1}(C_i)$ genau dann irreduzibel ist, wenn es $f_Y'^{-1}(C_i')$ ist. (Man hat zu beachten, dass die lokalen Ringe von C_i bezüglich X und C_i' bezüglich Y dieselben sind und das Verzweigungsverhalten von C_i bzw. C_i' in der Überlagerung $X' \xrightarrow{f'} X$ bzw. $X'_Y \xrightarrow{f'_Y} Y$ durch die lokalen Ringe von C_i bzw. C_i' und der Körpererweiterung L/K beschrieben werden.)

Um die Schlüsse aus der Vorlesung drei auf die Überlagerung $X'_Y \xrightarrow{f'_Y} Y$ und die Kurve C' anwenden zu können, muss das Linearsystem $|C_i'|$ von Y eine Dimension ≥ 2 haben. Die Frage ist daher, wie hängen dim $|C_i|$ und dim $|C_i'|$ zusammen? Das behandelt der nächste Satz.

(6.3) Satz: Es sei X/k eine reguläre Fläche und $x \in X$ ein k-wertiger Punkt. W sei ein positiver Divisor auf X, welcher die Multiplizität d in x hat. $X_* \xrightarrow{\sigma} X$ sei die quadratische Transformation von X mit Zentrum x und $\sigma'(W) = W'$ sei das eigentliche Bild von W. Dann gilt $\dim |W'| \geq \dim |W| - \frac{1}{2}d(d+1)$.

Beweis: Ist $f \in \mathcal{L}(W)$, so ist f aufgefasst als Funktion von X' ein Element aus $\mathcal{L}(W'+dL)$. ($L = \sigma^{-1}(x)$ ist die Ausnahmegerade von X'.) Damit $f \in \mathcal{L}(W')$ ist, also keinen Pol in L hat, müssen gewisse Bedingungen erfüllt sein, welche wir nun beschreiben. Es sei Spec(A) eine affine Umgebung von $x \in X$, so dass das maximale Ideal $m_x \subset A$ des Punktes $x \in \mathrm{Spec}(A)$ durch zwei Elemente $u, v \in A$ erzeugt ist. Da X regulär ist, kann man A immer so wählen.

$g = 0$, $g \in A$ sei eine lokale Gleichung für W im Punkte x (u.U. hat man dabei Spec(A) zu verkleinern.) g ist von der Form $g = \sum_{i=0}^{d} a_i u^i v^{d-i} + g'$ mit $a_i \in k$, $g' \in m_x^{d+1}$. Siehe [40], S.19.

Eine rationale Funktion $f \in \mathcal{L}(W)$ kann man lokal in x in der Form $f = \frac{h}{g}$ darstellen, wobei h aus dem lokalen Ring O_x von $x \in X$ ist und zu g in O_x teilerfremd. Man kann weiter h von der Gestalt $h = \sum_{i+j<d} \alpha_{ij} u^i v^j + h'$ mit $h' \in m_x^d$ annehmen, wobei die $\alpha_{ij} \in k$ sind. Nach den Ausführungen von Seite 41 enthält der Hauptdivisor von f, f aufgefasst als Funktion auf X', den Primdivisor L mit der Vielfachheit $\mathrm{ord}_x(h) - \mathrm{ord}_x(g) = \mathrm{ord}_x(h) - d$. Damit f keine Pole in L hat, muss deshalb $\mathrm{ord}_x(h) \geq d$ sein, oder $h \in m_x^d$. Das besagt, die Koeffizienten α_{ij} in der Gleichung $h = \sum_{i+j<d} \alpha_{ij} u^i v^j + h'$ sind alle 0 und das sind $\frac{d(d+1)}{2}$ lineare Bedingungen für die Funktion h.

Die Überlegungen zeigen, die Funktionen $f \in \mathcal{L}(W)$ mit $(f) \geq -W'$ bilden einen linearen Teilraum $\mathcal{L}'$ von $\mathcal{L}(W)$ der Dimension

$$\dim \mathcal{L}' \geq \dim \mathcal{L}(W) - \frac{1}{2} d(d+1).$$

Es gilt deshalb:

$$\dim |W'| \geq \dim |W| - \frac{1}{2} d(d+1)$$

und das beweist den Satz (6.3).

Wir betrachten nun wieder die irreduzible, projektive, reguläre Fläche X/k und die reduzierte Kurve C/k von X/k.

Es sei $\tau : Y \longrightarrow X$ die minimale Desingularisierung von C durch quadratische Transformationen (vgl. Seite 49), d.h. τ ist eine Folge von sukzessiven, quadratischen Transformationen $Y = X_n \xrightarrow{\sigma_{n-1}} X_{n-1} \longrightarrow \cdots \xrightarrow{\sigma_0} X_0 = X$, $\tau = \sigma_0 \cdot \sigma_1 \cdots \sigma_{n-1}$, so dass der Satz (6.1) bezüglich C erfüllt ist und dass n minimal ist. ξ_i sei das Zentrum der quadratischen Transformation $X_{i+1} \xrightarrow{\sigma_i} X_i$. Offensichtlich ist dann ξ_i eine Singularität des vollen reduzierten Bildes von C in X_i. C_i sei eine irreduzible Komponente von C und $C_i^* = \tau'(C_i)$ sei das eigentliche Bild von C_i in Y. Wir können dann mit den obigen Ausführungen die Dimension des Linearsystems $|C_i^*|$ nach unten abschätzen. Dazu führen wir für ein Paar von Kurven Γ und C der Fläche X, wenn Γ eine irreduzible Komponente von C ist (Γ = C ist zugelassen), eine Invariante für die Singularitäten von Γ und C ein, welche die Änderung der Dimension des Linearsystems $|\Gamma|$ misst, wenn man die Singularitäten der Kurve C durch quadratische Transformationen auflöst.

<u>(6.4) Definition:</u> X/k sei eine reguläre, projektive Fläche und C/k eine reduzierte Kurve auf X/k. Γ/k sei eine irreduzible Komponente von C/k. $Y = X_n \xrightarrow{\sigma_{n-1}} X_{n-1} \xrightarrow{\sigma_{n-2}} \dots \xrightarrow{\sigma_0} X_0 = X$ sei eine minimale Desingularisierung von C durch quadratische Transformationen. ξ_i seien die Zentren der quadratischen Transformationen $X_{i+1} \xrightarrow{\sigma_i} X_i$ und C^{i+1} seien die vollen reduzierten Bilder von C in X_{i+1}, Γ^{i+1} sei das eigentliche Bild von Γ in X_{i+1}, i = 0,...,n-1. Wir setzen $C^0 = C$ und $\Gamma^0 = \Gamma$ und definieren:

$$\nu(\xi_i, \Gamma^i, C^i) = \frac{d_i(d_i+1)}{2}$$, wenn d_i die Multiplizität von Γ^i in ξ_i ist.

<u>(6.5) Bemerkung:</u> Die Zahlen $\nu(\xi_i, \Gamma^i, C^i)$, i = o,...,n-1, geben gerade an, um wieviel sich die Dimensionen der Linearsysteme $|\Gamma^i|$ und $|\Gamma^{i+1}|$ in einer minimalen Desingularisierung von C höchstens unterscheiden.

<u>(6.6) Definition:</u> Für einen Punkt $x \in \Gamma$, welcher auf C singulär ist, setzen wir

$$\nu(x, \Gamma, C) = \sum \nu(\xi_i, \Gamma^i, C^i)$$

alle $_i$, $i > o$, so daß $\sigma_0 \circ \dots \circ \sigma_{i-1}(\xi_i) = x$ und ξ_o, falls $x = \xi_o$.

und nennen $\nu(x, \Gamma, C)$ die <u>Größe der Singularität</u> x bezüglich C.

Man sieht, dass $\nu(x, \Gamma, C)$ wohldefiniert ist, also unabhängig von der Faktorisierung einer minimalen Desingularisierung $\tau: Y \longrightarrow X$ von C in quadratische Transformationen.

<u>Beachte</u>, ist x ein normaler Schnitt von C, so ist die obige Summe leer und $\nu(x, \Gamma, C) = 0$ zu setzen.

<u>(6.7) Definition:</u> $\nu(\Gamma, C) = \sum_{\substack{x \in \Gamma \\ x \text{ singulär auf } C}} \nu(x, \quad, C)$ heißt die <u>Größe der Singularität von Γ bezüglich C</u>.

Mit dem Begriff der Grösse der Singularitäten einer Kurve Γ bezüglich einer Kurve C können wir die folgende Proposition formulieren:

<u>(6.8) Proposition:</u> Es sei X/k eine reguläre Fläche, C/k sei eine reduzierte Kurve auf X mit den irreduziblen Komponenten C_i, $i = 1,\dots,s$. Es sei $\dim |C_i| > 1 + \nu(C_i,C)$. $X' \xrightarrow{f'} X$ sei eine irreduzible, galoissche und normale Überlagerung von X, welche höchstens über C zahm verzweigt ist. Dann sind die inversen Bilder $f'^{-1}(C_i)$ in X' irreduzibel.

<u>Beweis:</u> Sei $Y \xrightarrow{\tau} X$ eine minimale Desingularisierung von C und $\tau'(C_i) = C_i^*$ das eigentliche Bild von C_i bei τ. Dann gilt $\dim |C_i^*| \geqslant 2$ und alles weitere geht wie beim Beweis der Proposition (3.3).

Zusammen mit den Überlegungen der Vorlesung drei ergibt sich daraus:

<u>(6.9) Satz:</u> Es sei X/k eine projektive, irreduzible, reguläre Fläche, welche einfach zusammenhängend ist. C/k sei eine reduzierte Kurve auf X/k mit den irreduziblen Komponenten $C_1,\dots,C_s$. Weiter sei $\dim |C_i| > 1 + \nu(C_i,C)$. Dann gilt: Die Gruppe $\pi_1^{(z)}(X-C)$ ist abelsch und hat s Erzeugende.

<u>Beweis:</u> Es sei $X' \xrightarrow{f'} X$ eine irreduzible, galoissche Überlagerung von X mit Galoisgruppe G, welche höchstens über C zahm verzweigt ist. Dann sind nach Proposition (6.9) die Kurven $f'^{-1}(C_i) = D_i$ irreduzible Teilmannigfaltigkeiten von X'. Ist I_i die Trägheitsgruppe von D_i bezüglich der Überlagerung $X' \longrightarrow X$ und ist I die von den I_i, $i = 1,\dots,s$, in G erzeugte Gruppe, so schliesst man genau wie bei Beweis von Satz (3.9), dass $I = G$ ist. (Man hat dabei zu benutzen, dass X keine unverzweigten Überlagerungen besitzt.) Das zeigt zunächst, dass G s Erzeugende besitzt, denn die Gruppen I_i, $i = 1,\dots,s$, sind zyklisch. Als nächstes ist zu zeigen, dass die Gruppe G abelsch ist. Dazu sei $Y \xrightarrow{\tau} X$ eine minimale Desingularisierung der Kurve C durch quadratische Transformationen. $\tau'(C_i)=C_i^*$ sei das eigentliche Bild von C_i bei τ. Dann gilt nach dem Vorangehenden: $\dim |C_i^*| > 1$. Nach Proposition (3.4) folgt daraus, dass $C_i^* \cap C_j^* \neq \emptyset$ ist, für $i,j = 1,\dots,s$. Ist $F' = F(X')$ der Funktionenkörper von X' und X'_Y die Normalisierung von Y in F' mit $f'_Y : X'_Y \longrightarrow Y$ als

Überlagerungsabbildung, so gilt folgendes: Ist $D_i^* = f_Y'^{-1}(C_i^*)$ das inverse Bild von C_i^* in X_Y, so sind die Trägheitsgruppen $I(D_i/C_i)$ und $I(D_i^*/C_i^*)$ als Untergruppen von G identisch.

Ist nun $P \in C_i^* \cap C_j^*$ ein Punkt von Y und P' ein Punkt von X'_Y, welcher bezüglich f'_Y über P liegt, so gilt nach Lemma (1.23), wenn man beachtet, dass die Mannigfaltigkeiten D_i irreduzibel sind: Ist $I(P'/P)$ die Trägheitsgruppe von P' in der Überlagerung $f'_Y: X'_Y \longrightarrow Y$, so sind die Gruppen $I(D_i^*/C_i^*) = I_i$ und $I(D_j^*/C_j^*) = I_j$ Untergruppen von $I(P'/P)$. Da $I(P'/P)$ nach Satz (4.1) abelsch ist folgt, die Elemente der Gruppen I_i und I_j sind in G bezüglich Multiplikation vertauschbar. Beachtet man, dass G von den I_i erzeugt wird, so folgt, G ist kommutativ.

Wir haben somit gezeigt, dass G abelsch ist und s Erzeugende hat. Genau wie in Vorlesung drei ergibt sich daraus, wenn man zum projektiven Limes übergeht, dass $\prod_1^{(z)}(X-C)$ abelsch ist mit s Erzeugenden.

<u>(6.10) Bemerkung:</u> Die Voraussetzungen von Satz (6.9) kann man abschwächen. Z.B. kann man die Forderung dim $|C_i| > 1 + \nu(C_i,C)$ durch die folgende ersetzen: Die C_i können so angeordnet werden, dass dim $|C_i| > 1 + \nu(C_i, C_i \cup \ldots \cup C_s)$ ist, für $i = 1,\ldots,s$. Ein Beweis findet sich bei [2], S.171.

Zusammen mit Vorlesung fünf ergibt sich:

<u>(6.11) Satz:</u> $C = C_1 \cup \ldots \cup C_s$ sei eine reduzierte Kurve in der projektiven Ebene P^2/k (k ein algebraisch abgeschlossener Körper). d_i sei der Grad der irreduziblen Komponenten C_i von C. Es sei dim $|C_i| > 1 + \nu(C_i,C)$. Dann gilt:

1) Ist Charakteristik $k = 0$, so ist $\prod_1(P^2-C)$ die profinite abelsche Gruppe mit s Erzeugenden $\tau_1, \ldots, \tau_s$ und der einzigen Relation $\tau_1^{d_1} \cdot \ldots \cdot \tau_s^{d_s} = 1$.
2) Ist Charakteristik $k = p > 0$, so ist $\prod_1^{(z)}(P^2-C)$ die in 1) beschriebene Gruppe modulo des von den p-Sylowgruppen erzeugten Normalteilers.

Einige Anwendungen von Satz (6.9), insbesondere auf den Fall, dass $X = P^2$ die projektive Ebene und C eine Kurve im P^2 ist, finden sich in der nächsten Vorlesung.

Siebte Vorlesung

ANWENDUNGEN UND BEISPIELE

Die Berechnung der Grösse gewisser Singularitäten.

Es sei X/k eine irreduzible, projektive, reguläre Fläche und C/k eine irreduzible (reduzierte) Kurve auf X. (k sei ein algebraisch abgeschlossener Körper der Charakteristik $p \geq 0$.) P sei ein k-wertiger Punkt von C. Da P regulärer Punkt von X ist, gibt es eine affine Umgebung U = Spec(A) von P auf X, wobei A ein regulärer 2-dimensionaler, noetherscher Integritätsbereich ist, so dass das maximale Ideal M_P in A, welches den Punkt P definiert, von zwei Elementen $u,v \in A$ erzeugt wird und das Ideal der Kurve C in A durch ein Element $f \in A$, $f \neq 0$.

Die eindeutig bestimmte natürliche Zahl ℓ mit $f \in M_P^{\ell}$, aber $f \notin M_P^{\ell+1}$, heisst die Multiplizität von C im Punkte P.

Wir können dann f wie folgt darstellen:

$$f = \sum_{i=0}^{\ell} a_i u^i v^{\ell-i} + g \qquad \text{mit } a_i \in k \text{ und nicht alle } 0,\ g \in M_P^{\ell+1}.$$

(Man beachte dabei, dass $A = k + M_P$ ist.)

Unter Beachtung, dass die Elemente u,v reguläre Parameter von P auf X sind, d.h. Erzeugende des maximalen Ideals des lokalen Rings von P auf X, führen wir die folgenden Begriffe ein:

(7.1) Definition: Der Punkt P heisst ein gewöhnlicher ℓ-facher Punkt von C, wenn die Form $\sum_{i=0}^{\ell} a_i u^i v^{\ell-i}$ als Produkt von ℓ zueinander primen Linearfaktoren in u und v geschrieben werden kann. In anderen Worten, die irreduzible Kurve C hat in dem ℓ-fachen Punkt P ℓ lineare Zweige mit paarweise verschiedenen Tangenten.

(7.2) Definition: Der Punkt $P \in C$ heisst eine ℓ-fache Spitze der irreduziblen Kurve C, wenn man die Erzeugenden $u,v \in A$ für das Ideal M_P so wählen kann, dass f die Gestalt $f = u^{\ell} + u \cdot \sum_i g_i u^i v^{\ell-i} + h v^{\ell+1}$ hat mit $g_i, h \in A$ und $h \notin M_P$.

(Man sieht, die Kurve C hat in einer Spitze P genau einen Zweig, dessen Singularität durch die quadratische Transformation von X mit Zentrum P aufgelöst werden kann.)

Uns interessiert hier die Grösse eines gewöhnlichen ℓ-fachen Punktes und einer ℓ-fachen Spitze. Um diese Zahl zu berechnen ist die minimale Desingularisierung dieser Singularitäten herzustellen. Das ist eine lokale Angelegenheit, welche hier nicht in allen Einzelheiten ausgeführt wird, da man es in jedem Lehrbuch über ebene Kurven findet. Wir veranschaulichen das Ergebnis durch Bilder.

Figur 1

gewöhnlicher l-facher Punkt in P

Die Ausnahmegerade L schneidet das eigentliche Bild $\sigma'(C)$ von C transversal in ℓ-verschiedene Punkte $P_1,\dots,P_\ell$. Die Schnittpunkte P_i sind regulär auf $\sigma'(C)$.

Figur 2

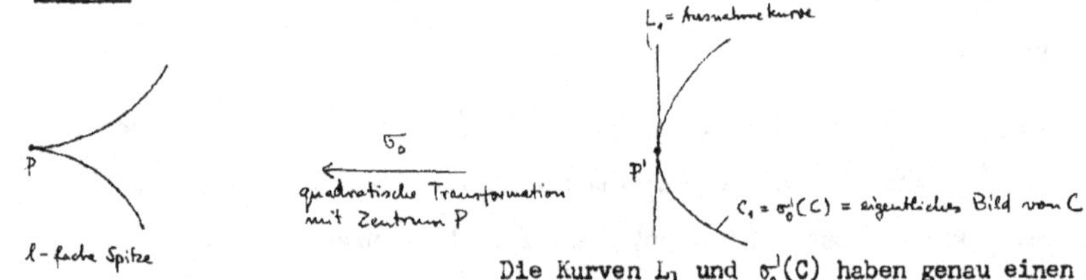

Die Kurven L_1 und $\sigma_0'(C)$ haben genau einen Punkt P' gemeinsam, welcher für L_1 als auch für $\sigma_0'(C)$ einfacher Punkt ist und L_1 und $\sigma_0'(C)$ haben in P' eine ℓ-fache Berührung. D.h. L_1 schneidet $\sigma_0'(C)$ in P' ℓ-fach im Sinne der Schnittheorie auf X_1. (X_1 ist die quadratische Transformation von X mit Zentrum P.)

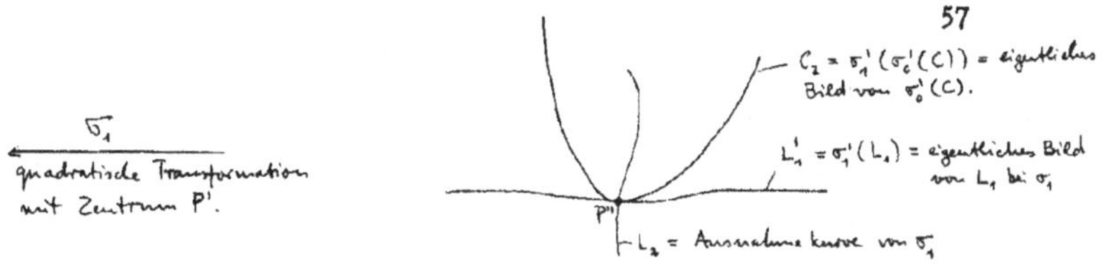

Die Kurven C_2 und $\sigma_1'(L_1)$ haben genau den Punkt P'' gemeinsam. Dieser ist regulär für beide Kurven und die Berührung von C_2 und $\sigma_1'(L_1)$ in P'' ist $(\ell-1)$-fach.

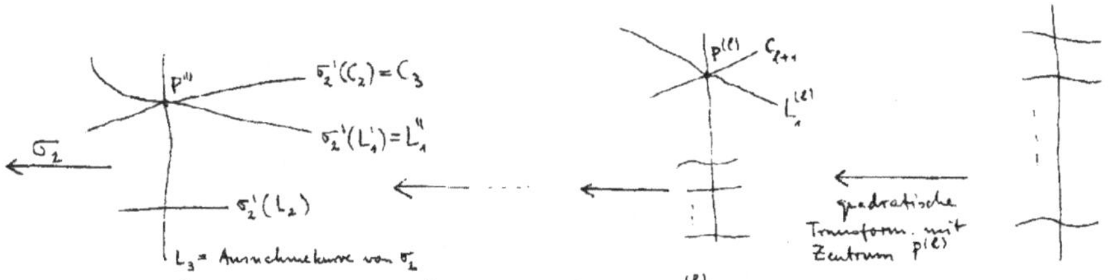

Die Berührung von C_3 und L_1'' in P''' ist $(\ell-2)$-fach.

$C_{\ell+1}$ und $L_1^{(\ell)}$ haben einfache Berührungen in $P^{(\ell)}$

Normaler Schnitt.

Aus Figur 1 liest man ab, dass die Grösse $\nu(P,C,C)$ eines gewöhnlichen ℓ-fachen Punktes P der irreduziblen Kurve C gleich $\frac{1}{2}\ell(\ell+1)$ ist, falls $\ell > 1$ und gleich 0 ist, für $\ell \leq 1$. Ebenso ergibt sich aus Figur 2, dass die Grösse $\nu(P,C,C)$ einer ℓ-fachen Spitze P von C (C ist wieder irreduzibel) gleich $\frac{1}{2}\ell(\ell+1)+\ell = \frac{1}{2}\ell(\ell+3)$ ist.

Die Berechnung der Grösse von komplizierten Singularitäten als Spitzen und gewöhnlichen ℓ-fachen Punkten von Kurven überlassen wir dem Leser. Man findet einiges darüber auch bei [2], S.151.

Die Struktur von $\pi_1^{(2)}(P^2-C)$, falls C eine irreduzible, ebene Kurve der Ordnung ≤ 4 ist.

Es sei C/k eine irreduzible Kurve in der projektiven Ebene P^2/k (k ein algebraisch abgeschlossener Körper der Charakteristik $p \geq 0$) vom Grade d. $\pi_1^{(2)}(P^2-C)$ ist nach Definition (vgl. Vorlesung eins) die Galoisgruppe über $k(P^2)$ des Kompositums aller endlichen, galoisschen Erweiterungen von $k(P^2)$, welche über P^2 zahm verzweigt sind und für welche die Verzweigungsmannigfaltigkeit C ist.

Wir diskutieren die Fälle $d \leq 4$.

<u>d = 1 (Geraden):</u> Es gilt dim $|C| = 2$ und $\nu(C,C) = 0$ Deshalb ist nach Satz (6.11) $\pi_1^{(z)}(P_2-C) = 1$.

<u>d = 2 (Kegelschnitte):</u> Es ist dim $|C| = 5$ und $\nu(C,C) = 0$, da C regulär ist. Nach Satz (6.11) ist deshalb $\pi_1^{(z)}(P^2-C)$ zyklisch von der Ordnung 2 oder 1, je nachdem Charakteristik $k \neq 2$ oder Charakteristik $k = 2$ ist.

<u>d = 3 (Kubiken):</u> Es ist dim $|C| = 9$. Andererseits folgt aus der Geschlechtsformel für projektive, ebene Kurven, dass eine irreduzible kubische Kurve höchstens eine Singularität der Ordnung 2 hat, also höchstens einen Knoten (d.h. einen gewöhnlichen 2-fachen Punkt) oder eine Spitze der Ordnung 2. Nach den obigen Ausführungen ist die Grösse eines Knotens einer irreduziblen Kurve gleich 3 und die Grösse einer Spitze der Ordnung 2 gleich 5. Nach Satz (6.10) ist deshalb $\pi_1^{(z)}(P^2-C)$ zyklisch der Ordnung 3 bzw. 1, falls Charakteristik $k \neq 3$ bzw. Charakteristik $k = 3$ ist.

<u>d = 4 (Quadriken):</u> Hat die Kurve C <u>nicht</u> 3 Spitzen der Ordnung 2 als Singularitäten, so wird in [6] gezeigt, dass $\pi_1^{(z)}(P^2-C)$ zyklisch von der Ordnung 4 bzw. 1 ist, falls Charakteristik $k \neq 2$ bzw. Charakteristik $k = 2$. Der Beweis wird wieder durch Berechnung der Grösse der Singularitäten dieser Kurve und unter Verwendung von Satz (6.11) geführt. In der Arbeit [6] ist darüberhinaus die Struktur von $\pi_1^{(z)}(P^2-C)$ angegeben, wenn C eine reduzierte, nicht notwendig irreduzible Kurve der Ordnung ≤ 4 ist. Hat die Kurve C jedoch drei Spitzen der Ordnung 2 als Singularitäten und ist Charakteristik $k \neq 2, 3$, so ist $\pi_1^{(z)}(P^2-C)$ eine nicht abelsche Gruppe der Ordnung 12. Den Beweis dieses interessanten Ergebnisses führen wir hier nicht durch. Er geht auf Zariski [51] zurück. Ein algebraischer Beweis dazu ist von Abhyankar in [5] angegeben worden.

Die Struktur von $\pi_1^{(p)}(P^2-C)$, falls C aus s verschiedenen Geraden besteht, welche durch einen Punkt gehen.

Die folgenden Ausführungen sind im Hinblick auf Vorlesung acht von Interesse.

P^2/k sei die projektive Ebene über dem algebraisch abgeschlossenen Körper k der Charakteristik p. $L_1,\ldots,L_s$ seien $s(s > 1)$ verschiedene Geraden in P^2, welche einen Punkt P gemeinsam haben. Weiter sei P^1 eine Gerade in P^2, welche den Punkt P nicht enthält. Die Schnittpunkte $P_1 = L_1 \cap P^1$, $P_2 = L_2 \cap P^1,\ldots,P_s = L_s \cap P^1$ sind dann paarweise verschieden. Unser Ziel ist der Satz:

(7.3) Satz: Die Gruppen $\pi_1^{(p)}(P^2-L_1- \ldots -L_s)$ und $\pi_1^{(p)}(P^1-P_1- \ldots -P_s)$ sind isomorph.

Beweis:*) Wir zeigen zuerst, dass es einen surjektiven Homomorphismus von $\pi_1^{(p)}(P^1-P_1- \ldots -P_s)$ auf $\pi_1^{(p)}(P^2-L_1- \ldots -L_s)$ gibt.
Sei $V \xrightarrow{f} P^2$ eine irreduzible, normale und galoissche Überlagerung von P^2 vom Grade n prim zu p, welche höchstens in $L_1 \cup \ldots \cup L_s$ verzweigt ist.
Dann ist $f^{-1}(P^1) = V \times_{P^2} P^1 = W$ wegen Satz (4.4) und wegen des Satzes von Bertini (beachte, dim $|P^1| = 2$) irreduzibel. Nach Satz (4.5) ist W regulär.
Der Morphismus $f: V \longrightarrow P^2$ induziert, eingeschränkt auf W, einen surjektiven Morphismus $f_W: W \longrightarrow P^1$. Dadurch wird W zu einer irreduziblen, normalen und galoisschen Überlagerung vom Grade n, welche höchstens in den Punkten $P_1,\ldots,P_s$ verzweigt.
(Beachte, dass P^1 in der Überlagerung $V \longrightarrow P^2$ unverzweigt ist.)
Die Vorschrift $\phi : V \longmapsto W$ ergibt daher einen Morphismus $\phi : Et^{(p)}(P^2-L_1- \ldots -L_s) \longrightarrow Et^{(p)}(P^1-P_1- \ldots -P_s)$, welcher injektiv ist, denn ϕ erhält den Grad und ist mit der Bildung des Kompositums von Überlagerungen verträglich.

---

*) Wir beweisen mehr als in (7.3) angegeben ist, nämlich dass die Gruppen $\pi_1^{(2)}(P^1-P_1- \ldots -P_s)$ und $\pi_1^{(2)}(P^2-L_1- \ldots -L_s)$ isomorph sind.

Zu ϕ gehört dann nach Vorlesung eins ein stetiger, surjektiver Homomorphismus

$$\phi^*: \pi_1^{(p)}(P^1 - P_1 - \cdots - P_s) \longrightarrow \pi_1^{(p)}(P^2 - L_1 - \cdots - L_s).$$

Es bleibt zu zeigen, dass ϕ^* injektiv ist.

Dazu sei $k(P^1)$ der Funktionenkörper der Geraden P^1. Dieser kann z.B. wie folgt als Teilkörper von $k(P^2)$ aufgefasst werden: Wir wählen projektive Koordinaten X,Y,Z in P^2, so dass $X = Z = 0$ den Punkt P beschreibt (P ist der den Geraden L_i gemeinsame Punkt), $Y = Z = 0$ den Punkt P_1, und dass der durch $X = Y = 0$ bestimmte Punkt auf P^1 liegt. Setzt man $x = \frac{X}{Z}$, $y = \frac{Y}{Z}$, so sind x,y affine Koordinaten in P^2, L_1 ist die unendlich ferne Gerade, P^1 ist die x-Achse und $L_2,\ldots,L_s$ sind Gerade, welche parallel zu Y-Achse sind. Es gilt dann $k(P^2) = k(x,y)$, $k(P^1) = k(x)$.

Die Injektivität von ϕ^* ist gleichwertig mit der Surjektivität von ϕ und diese weisen wir jetzt nach.

Es sei $U \longrightarrow P^1$ eine irreduzible, normale und galoissche Überlagerung von P^1, welche höchstens über $P_1,\ldots,P_s$ verzweigt ist und welche einen Grad n prim zu p hat. $L = k(U)$ sei der Funktionenkörper von U und $K = L(y) = k(x,y)\cdot L$ sei das Kompositum von L und $k(x,y)$. Mit V bezeichnen wir die Normalisierung von P^2 in K und mit $V \xrightarrow{f} P^2$ die Überlagerungsabbildung. Wir behaupten: $f: V \xrightarrow{f} P^2$ ist irreduzibel, galoissch vom Grad n und höchstens über $L_1,\ldots,L_s$ verzweigt und weiter ist $V \times_{P^2} P^1 = U$ (bis auf Isomorphie über P^1).

Um die Behauptung einzusehen bemerken wir, dass L und $k(y)$ über k linear disjunkt sind und dass deshalb $[K:k(x,y)] = [L:k(x)]$ ist. Daraus folgt weiter, $K/k(x,y)$ ist genau dann galoissch, wenn es $L/k(x)$ ist und die Galoisgruppen dieser Körpererweiterungen sind isomorph.

Bezeichnet $O_{P^1,P^2} \subseteq k(x,y)$ den lokalen Ring von P^1 auf P^2 und m_{P^1,P^2} das maximale Ideal von O_{P^1,P^2}, so gilt $k(x) \subseteq O_{P^1,P^2}$ und $k(x)$ ist isomorph zu $O_{P^1,P^2}/m_{P^1,P^2}$. Identifizieren wir, so erhalten wir einen natürlichen Homomorphismus $O_{P^1,P^2} \xrightarrow{\varphi} k(x)$.

Nun sei W eine irreduzible Komponente von $f^{-1}(P^1) = V \times_{P^2} P^1$. Da L über k(x) algebraisch ist und der lokale Ring $O_{W,V}$ von W auf V ganz abgeschlossen ist, folgt $L \subseteq O_{W,V}$ wenn man beachtet, dass $L \subseteq K$ ist. Gradvergleich ergibt deshalb: $f^{-1}(P^1) = W$ und insbesondere, dass $f^{-1}(P^1)$ irreduzibel ist. Weiter ist P^1 unverzweigt in k(V). Unter dem natürlichen Homomorphismus $O_{W,V} \longrightarrow O_{W,V}/m_{W,V}$ wird L isomorph auf $O_{W,V}$ abgebildet. Nach Identifikation erhält man einen Homomorphismus $O_{W,V} \xrightarrow{\varphi^*} L$, den man so wählen kann, dass φ^* den Homomorphismus $\varphi: O_{P^1,P^2} \longrightarrow k(x)$ fortsetzt. Das sei im folgenden getan. Hinsichtlich φ^* gilt dann $k(x) = F(P^1)$, $L = F(W)$.

Wir bemerken noch, dass für jeden Punkt $P \in W$ gilt:

$$(*) \quad \varphi^*(O_{P,V}) = O_{P,W} , \quad \varphi^*(m_{P,V}) = m_{P,W}$$

Nun sei A der ganze Abschluss von k[x,y] in K und B der ganze Abschluss von k[x] in L. Da $L \subset k[x,y]$ folgt $B \subset A$. Wegen der Beziehungen (*) schliesst man, dass die bezüglich des gewählten affinen Koordinatensystems endlichen Punkte von W regulär sind. Analog folgt, falls man x durch $\frac{1}{x}$ und y durch $\frac{1}{y}$ ersetzt, dass auch die unendlich fernen Punkte von W auf W regulär sind. Also ist W regulär und die Einschränkung $\varphi : W \longrightarrow P^1$ eine normale Überlagerung von P^1.

Für $j = 2,\dots,s$ seien a_j Elemente aus k, so dass die Punkte $P_j \in P^2$ die affinen Koordinaten $x = a_j$, $y = 0$ haben. ($P_j \in P^1$ hat die affine Koordinate $x = a_j$.) Es seien I bzw. J die von $x-a_2,\dots,x-a_s$ in k[x,y] bzw. k[x] erzeugten Ideale. Dann gilt $J^m \subset \Delta(B/k[x])$ für eine geeignete Potenz J^m, wobei $\Delta(B/k[x])$ das Diskriminantenideal von B/k[x] bezeichnet. Vgl. [7], S.24. Ist $w_1,\dots,w_n$ eine k(x)-Basis von L, welche zu B gehört, so ist $w_1,\dots,w_n$ auch eine k(x,y)-Basis von K, welche zu A gehört und die L/k(x)-Diskriminante von $w_1,\dots,w_n$ stimmt mit der k(x,y)-Diskriminante von $w_1,\dots,w_n$ überein. Daraus folgt $\Delta(B/k[x]) \subset \Delta(A/k[x,y])$ und somit $I^m \subset \Delta(A/k[x,y])$. Das zeigt, dass der endliche Teil der Verzweigungsmannigfaltigkeit von $V \longrightarrow P^2$ in $L_2 \cup \cdots \cup L_s$ enthalten ist und damit die Verzweigungsmannigfaltigkeit von $V \longrightarrow P^2$ in $L_1 \cup \cdots \cup L_s$.

Damit ist Satz (7.3) bewiesen. Wir können aber noch etwas mehr sagen:

Aus der klassischen Theorie der Riemannschen Flächen weiss man, dass in Charakteristik 0 $\pi_1(P^1-P_1-\cdots-P_s)$ die freie profinite Gruppe in s-1 Erzeugende ist und dass in Charakteristik $p > 0$ die Gruppe $\pi_1^{(p)}(P^1-\bigcup_{i=1}^{s} P_i)$ isomorph zu der Faktorgruppe der freien profiniten Gruppe von (s-1) Erzeugenden modulo des von den p-Sylowgruppen erzeugten Normalteilers ist. Wir setzen dies in Vorlesung zwölf auseinander.

Das ergibt:

<u>(7.4) Satz:</u> Sind $L_1,\ldots,L_s$ verschiedene Geraden in P^2/k mit einem gemeinsamen Punkt P, so ist $\pi_1^{(p)}(P^2-L_1-\cdots-L_s)$ isomorph zur Faktorgruppe der freien profiniten Gruppe von s-1 Erzeugenden modulo des von den p-Sylowgruppen erzeugten Normalteilers.

<u>Der Satz von Picard.</u>

Es sei C eine irreduzible, reduzierte , reguläre Hyperfläche im P^m/k, k ein algebraisch abgeschlossener Körper der Charakteristik $p \geq 0$. K sei ein galoisscher Erweiterungskörper von $k(P^m)$ vom Grad n mit der Eigenschaft, dass die Normalisierung V von P^m in K über P^m zahm verzweigt ist und dass die Verzweigungsmannigfaltigkeit C ist. $f:V \longrightarrow P^m$ sei die Überlagerungsabbildung. Wir haben schon in Vorlesung fünf nachgewiesen, dass der Grad n der Überlagerung $V \longrightarrow P^m$ den reduzierten Grad von C teilt und deshalb prim zu p ist. Es gilt der interessante Satz:

<u>(7.5) Satz(Picard):</u> V ist einfach zusammenhängend.

<u>Beweis:</u> Es sei $W \xrightarrow{f'} V$ eine irreduzible, galoissche Überlagerung, welche

unverzweigt ist. Dann ist $W \xrightarrow{f\circ f'} P^m$ eine Überlagerung von P^m, verzweigt höchstens über C. Allerdings ist $W \longrightarrow P^m$ nicht notwendig galoissch. Sei $W^* \longrightarrow P^m$ die galoissche Hülle von $W \longrightarrow P^m$ (d.h. ist $L = k(W)$ der Funktionenkörper von W und L^* die galoissche Hülle von $L/k(P^m)$, so ist W^* die Normalisierung von W in L). Wegen den Ausführungen in Vorlesung eins ist die Überlagerung $W^* \longrightarrow V$ galoissch und unverzweigt. Die Überlagerung $W^* \longrightarrow P^m$ ist höchstens über C verzweigt und der Verzweigungsindex von C in $W^* \longrightarrow P^m$ ist nach Lemma (1.25) gleich dem Verzweigungsindex von C in $V \longrightarrow P^m$.

Insbesondere zeigt dies, dass $W^* \longrightarrow P^m$ über C zahm verzweigt ist. Die zahm verzweigten galoisschen Überlagerungen von $k(P^m)$, welche höchstens über C verzweigt sind, kennen wir, sie sind alle zyklisch und in ihnen ist C voll verzweigt (d.h. der Verzweigungsindex ist gleich dem Körpergrad. Vgl. Satz (5.10).

In $W^* \longrightarrow P^m$ ist deshalb der Verzweigungsindex von C einerseits gleich dem Grad der Überlagerung $W^* \longrightarrow P^m$ und andererseits gleich dem Grad der Überlagerung $V \longrightarrow P^m$. Das zeigt: $W^* = V$ und $W = V$.

Aus Satz (7.5) folgert man sofort:

<u>(7.6) Satz:</u> Es sei V eine Hyperfläche in P^{m+1}/k, welche durch eine affine Gleichung der Form $X_{m+1}^n - f(X_1,\dots,X_m) = 0$ definiert werden kann. $X_1,\dots,X_m,X_{m+1}$ seien affine Koordinaten des P^{m+1}, und die Zahl n sei prim zu Charakteristik k. Es wird angenommen, dass die durch $f(X_1,\dots,X_m) = 0$ definierte Hyperfläche C in P^m ($X_1,\dots,X_m$ sind affine Koordinaten des P^m) irreduzibel und regulär vom Grade n ist. Dann gilt: V ist einfach zusammenhängend.

<u>Beweis:</u> Man projeziere V auf P^m parallel zu X_{m+1}. $f:V \longrightarrow P^m$ sei die Projektionsabbildung. Nach dem Jacobischen Kriterium sieht man, dass die Singularitäten von V über den Singularitäten von C liegen und dass daher V regulär ist. $f:V \longrightarrow P^m$ ist daher eine Überlagerung des P^m, welche über C zahm verzweigt ist. Nun schliesst man wie bei Beweis von Satz (7.5).

(7.7) Bemerkungen:

1. Satz (7.6) geht im Falle der Dimension 2 auf Picard zurück.

2. Die Voraussetzungen der Sätze (7.5) und (7.6) können abgeschwächt werden. Z.B. kann man im Falle, dass dim V = 2 ist, zulassen, dass die Verzweigungsmannigfaltigkeit C gewisse Singularitäten hat. Man muss die Voraussetzungen so einrichten, dass man beim Beweis der Sätze statt Vorlesung fünf die Ergebnisse der Vorlesung sechs benutzen kann. Die genaue Formulierung findet sich bei [2], S.175. Weiter kann man auch dann noch etwas sagen, wenn man statt des P^m eine beliebige, einfach zusammenhängende, reguläre Mannigfaltigkeit V vorliegen hat. Vgl. dazu [1], S.85 ff..

Achte Vorlesung

EINIGES ÜBER ÜBERLAGERUNGEN VON KURVEN.

Eine Kurve Γ/k über dem algebraisch abgeschlossenen Körper k ist im folgenden immer ein irreduzibles, reduziertes, projektives und glattes k-Schema der Dimension 1.

Der klassische Fall

Es sei $\Gamma/\mathbb{C}$ eine Kurve über dem komplexen Zahlkörper $\mathbb{C}$ (im obigen Sinne). Dann ist Γ mit der komplexen Topologie versehen eine kompakte Riemannsche Fläche, welche wir mit $\mathcal{R}(\Gamma)$ bezeichnen. g sei das topologische Geschlecht von $\mathcal{R}(\Gamma)$. ($\mathcal{R}(\Gamma)$ ist als topologische Mannigfaltigkeit homöomorph zu einer Kugel mit Henkeln; die Anzahl der Henkel ist das topologische Geschlecht von $\mathcal{R}(\Gamma)$.) $F(\Gamma)/\mathbb{C}$ bezeichnet den Funktionenkörper der Kurve Γ. Dieser ist isomorph zu dem Körper der meromorphen Funktion der Riemannschen Fläche $\mathcal{R}(\Gamma)$. Das geometrische Geschlecht der Kurve $\Gamma/\mathbb{C}$, also das Geschlecht des Körpers $F(\Gamma)/\mathbb{C}$ (man versteht darunter die Dimension über $\mathbb{C}$ des Raumes der ganzen Differentiale von $F(\Gamma)/\mathbb{C}$), stimmt dann mit dem topologischen Geschlecht von $\mathcal{R}(\Gamma)$ überein. Vgl. Chevalley [11].

Aus der Topologie kennt man die Struktur der topologischen Fundamentalgruppe $\pi_1(\mathcal{R}(\Gamma))$ von $\mathcal{R}(\Gamma)$. Nach den obigen Ausführungen ist das gerade die Wegeklassengruppe einer Kugel mit g Henkeln. Man weiss (vgl. Schubert [35] oder Weyl [46]), dass $\pi_1(\mathcal{R}(\Gamma))$ 2g Erzeugende $s_1,t_1,\ldots,s_g,t_g$ hat mit der einzigen Relation

$$s_1 t_1 s_1^{-1} t_1^{-1} \cdot s_2 t_2 s_2^{-1} t_2^{-1} \cdot \cdots\cdots \cdot s_g t_g s_g^{-1} t_g^{-1} = 1 .$$

Weiter ist aus der Topologie bekannt (vgl. [35]), dass die in n+1 verschiedenen Punkten $P_1,\ldots,P_{n+1}$ punktierte Fläche $\mathcal{R}(\Gamma)$, es handelt sich also jetzt um die offene Fläche $\mathcal{R}(\Gamma) - \{P_1,\dots,P_{n+1}\}$, eine topologische Fundamentalgruppe hat, welche 2g+n+1 Erzeugende $s_1,t_1,\dots,s_g,t_g, u_1,\dots,u_{n+1}$ besitzt mit der einzigen Relation

$$s_1 t_1 s_1^{-1} t_1^{-1} \cdots\cdots s_g t_g s_g^{-1} t_g^{-1} \cdot u_1 \cdots u_{n+1} = 1.$$

Zusammen mit den Ausführungen in Vorlesung eins (vgl. insbesondere (1.27) ergibt dies den Satz

<u>(8.1) Satz:</u> Die algebraische Fundamentalgruppe $\Pi_1(\Gamma - \{P_1,\dots,P_{n+1}\})$, $P_1,\dots,P_{n+1}$ sind n+1 verschiedene Punkte der Kurve $\Gamma/\mathbb{C}$, hat als profinite Gruppe 2g+n+1 Erzeugende $s_1,t_1,\dots,s_g,t_g,u_1,\dots,u_{n+1}$ mit der einzigen Relation $s_1t_1s_1^{-1}t_1^{-1}\dots$ $\dots s_gt_gs_g^{-1}t_g^{-1}\, u_1 \dots u_{n+1} = 1$.

<u>(8.2) Bemerkung:</u> Wir werden in Vorlesung elf zeigen, dass Satz (8.1) auch dann noch gilt, wenn Γ/k eine irreduzible, reguläre, projektive Kurve über einem beliebigen, algebraisch abgeschlossenen Körper k der Charakteristik 0 ist und $P_1,\dots,P_{n+1}$ verschiedene k-wertige Punkte auf Γ/k sind. Ist Γ/k eine irreduzible, reguläre und projektive Kurve über dem algebraisch abgeschlossenen Körper k der Charakteristik $p > 0$, so ist die Struktur von $\Pi_1(\Gamma - \{P_1,\dots,P_{n+1}\})$ nicht bekannt. Man kann in dieser Situation jedoch immer den zu p-primen Teil $\Pi_1^{(p)}(\Gamma - \{P_1,\dots,P_{n+1}\})$ von $\Pi_1(\Gamma - \{P_1,\dots,P_{n+1}\})$ beschreiben und kann zeigen, dass dieser dieselbe Gestalt wie in Charakteristik 0 hat. All das wird in Vorlesung zwölf auseinandergesetzt. Unklar bleibt wie der p-Bestandteil von $\Pi_1(\Gamma - \{P_1,\dots,P_{n+1}\})$ aussieht und wie dieser in der ganzen Gruppe $\Pi_1(\Gamma - \{P_1,\dots,P_{n+1}\})$ liegt.

Die obigen Ausführungen ergeben, auf eine <u>rationale Kurve</u> $\Gamma/\mathbb{C}$ angewandt (eine Kurve über C heisst rational, wenn sie über $\mathbb{C}$ biregulär isomorph zur projektiven Geraden $P^1/\mathbb{C}$ ist), wenn $P_1,\dots,P_{n+1}$ $\mathbb{C}$-wertige Punkte von $\Gamma/\mathbb{C}$ sind, dass die topologische Fundamentalgruppe $\pi_1(\mathcal{R}(\Gamma) - \{P_1,\dots,P_{n+1}\})$ die freie Gruppe in n Erzeugenden ist. Die algebraische Fundamentalgruppe ist dann natürlich die freie, profinite Gruppe mit n Erzeugenden. Zunächst hat nämlich $\pi_1(\Gamma - \{P_1,\dots,P_{n+1}\})$ ein minimales Erzeugendensystem $u_1,\dots,u_{n+1}$ mit der einzigen Relation $u_1 \cdot \ldots \cdot u_{n+1} = 1$. Einfache gruppentheoretische Überlegungen ergeben dann, dass man eine beliebige der Erzeugenden u_i weglassen kann und man dann eine freie Gruppe erhält.

Wir erinnern kurz daran, wie man die Erzeugenden $u_1,\dots,u_{n+1}$ von $\pi_1(\mathcal{R}(\Gamma) - \{P_1,\dots,P_{n+1}\})$ findet, falls $\Gamma/\mathbb{C}$ eine rationale Kurve über dem komplexen Zahlkörper ist. Die Riemannsche Fläche zu einer rationalen Kurve ist die Riemannsche Zahlenkugel $\mathcal{R}$. Wir wählen einen Punkt M in $\mathcal{R}$, welcher auf keiner der Geraden durch zwei der Punkte $P_1,\dots,P_{n+1}$ liegt, und wählen um die Punkte P_i kleine, positiv orientierte Kreise a_i, welche sich nicht schneiden.

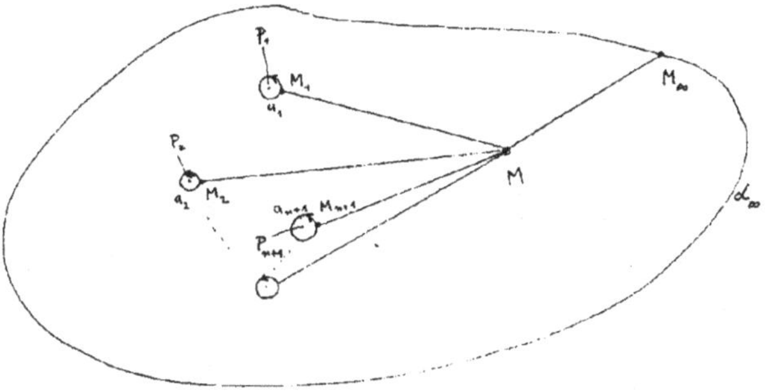

Es sei M_i der Schnittpunkt von a_i mit der Geraden $P_i M$, u_i die orientierte Kurve, welche aus dem geraden Stück $\overrightarrow{MM_i}$ besteht und $\alpha_i = u_i^{-1} a_i u_i$. Dann erzeugen die geschlossenen Wege α_i, $i = 1,\dots,n+1$ die Gruppe $\pi_1(\mathcal{R} - \{P_1,\dots,P_{n+1}\})$. Ist α_∞ ein "grosser" Kreis, welcher die Kurven α_i, $i = 1,\dots,n+1$ enthält, so zeigt man leicht, dass α_∞ zu der Kurve $\alpha_1 \cdots \alpha_{n+1}$ homotop ist. Andererseits ist aber α_∞ nullhomotop. Das ergibt die Relation $\alpha_1 \cdot \alpha_2 \cdots \alpha_{n+1} = 1$.

Vom algebraischen Standpunkt ist die folgende Tatsache interessant:

Ist $\Gamma' \xrightarrow{f'} \Gamma$ eine irreduzible, galoissche und normale Überlagerung der rationalen Kurve $\Gamma/\mathbb{C}$ mit Galoisgruppe G, welche höchstens in den Punkten $P_1,\dots,P_{n+1}$ verzweigt ist, so gilt: Ist $H(\Gamma')$ diejenige Untergruppe von $\pi_1(\mathcal{R}-\{P_1,\dots,P_n\})$, welche zur Überlagerung Γ' gehört, so ist $H(\Gamma')$ Normalteiler in $\pi_1(\mathcal{R}-\{P_1,\dots,P_{n+1}\})$ und die Faktorgruppe $\pi_1(\mathcal{R}-\{P_i\})/H(\Gamma')$ ist isomorph zur Gruppe G. (Der Isomorphismus ist jedoch nicht kanonisch.) Weiter gilt: Es gibt geeignete Punkte Q_i' in Γ' über P_i (es gilt im allgemeinen nicht für jeden der Punkte Q_i' über P_i), so dass das Bild von $\mathcal{L}_i \in \pi_1(\mathcal{R}-\{P_1,\dots,P_{n+1}\})$ in der Galoisgruppe $\pi_1(\mathcal{R}-\{P_i\})/H(\Gamma')$ von $\Gamma' \xrightarrow{f'} \Gamma$ eine Erzeugende der Trägheitsgruppe $I(Q_i'/P_i)$ von Q_i' in $\Gamma' \longrightarrow \Gamma$ ist.

Wir führen den Beweis dieser Tatsache hier nicht durch. Um das Ergebnis zu erhalten hat man einen Zusammenhang zwischen G und der Monotopiegruppe von $\Gamma' \longrightarrow \Gamma$ herzustellen. Das ist z.B. bei Abhyankar [61] auseinandergesetzt.

Das eben Ausgeführte ergibt insbesondere den folgenden Satz:

(8.3) Satz: $\Gamma/\mathbb{C}$ sei eine (irreduzible, projektive) rationale Kurve über dem komplexen Zahlkörper und $\Gamma' \longrightarrow \Gamma$ eine irreduzible, galoissche und normale Überlagerung von Γ, welche genau in den $P_1,\dots,P_{n+1}$ verzweigt ist. Dann gibt es Punkte $Q_1',\dots,Q_{n+1}'$ in Γ' derart, dass Q_i' bezüglich f' über P_i liegt und dass gilt: Es gibt Erzeugende g_i der Trägheitsgruppen $I(Q_i')$, $i = 1,\dots,n+1$, so dass $g_1 g_2 \cdot\ldots\cdot g_{n+1} = 1$ ist und dass n beliebige der g_i die Gruppe G erzeugen. Insbesondere erzeugen n beliebige der n+1 Trägheitsgruppen $I(Q_i')$ die Galoisgruppe G.

Wir weisen noch einmal darauf hin, dass topologische und nicht algebraische Überlegungen die Erzeugenden von $\pi_1(\Gamma-\{P_1,\dots,P_{n+1}\})$ und den Satz (8.3) ergeben. Es ist uns keine algebraische Methode bekannt, welche den Nachweis erlaubt, dass $\pi_1(\Gamma-\{P_1,\dots,P_{n+1}\})$ endlich erzeugt ist, oder sogar gestattet, die Erzeugenden von $\pi_1(\Gamma - \{P_1,\dots,P_{n+1}\})$ aufzufinden. Klar ist jedoch folgendes: Könnte man Satz (8.3) auf algebraischem Wege beweisen, so würde das ergeben (man hat z.B. Lemma (1.25) zu benutzen und zu zeigen, dass man die Erzeugenden konsistent wählen kann), dass die Gruppe $\pi_1(\Gamma - \{P_1,\dots,P_{n+1}\})$ n Erzeugende hat. Dass $\pi_1(\Gamma - \{P_1,\dots,P_{n+1}\})$ frei ist würde daraus noch nicht folgen. Um letzteres zu zeigen ist im wesentlichen nachzuweisen, dass jede endliche Gruppe von n Erzeugenden als Galoisgruppe einer Überlagerung von Γ, verzweigt höchstens in $P_1,\dots,P_{n+1}$, auftritt.

Interessant ist in diesem Zusammenhang die folgende Proposition (8.4), welche wir anschliessend beweisen. $\Gamma/\mathbb{C}$ ist dabei eine rationale Kurve.

(8.4) Proposition: Wenn man weiss, dass die Gruppe $\pi_1(\Gamma - \{Q_1,Q_2,Q_3\})$ die freie, profinite Gruppe mit zwei Erzeugenden ist, wobei Q_1,Q_2,Q_3 drei voneinander verschiedene $\mathbb{C}$-wertige Punkte sind, so kann man rein algebraisch (ohne die Funktionentheorie zu benutzen) schliessen, dass $\pi_1(\Gamma - \{P_1,\dots,P_{n+1}\})$ die freie, profinite Gruppe in n Erzeugenden ist. $P_1,\dots,P_{n+1}$ sind n verschiedene $\mathbb{C}$-wertige Punkte der rationalen Kurve $\Gamma/\mathbb{C}$.

Will man die Struktur von $\pi_1(\Gamma - \{P_1,\dots,P_{n+1}\})$ im Sinne von Satz (8.1) mit algebraischen Methoden bestimmen, so genügt es daher auf algebraische Weise zu zeigen, dass $\pi_1(\Gamma - \{P_1,P_2\})$ die freie, profinite Gruppe in einer Erzeugenden ist (P_1,P_2 sind verschiedene $\mathbb{C}$-wertige Punkte von Γ) und dass $\pi_1(\Gamma - \{P_1,P_2,P_3\})$ die freie, profinite Gruppe mit zwei Erzeugenden ist. Das erstere ist nicht schwer und wird weiter unten durchgeführt, für das Letztere ist kein algebraischer Beweis bekannt.

Überlagerungen einer projektiven Geraden in Charakteristik 0 mit zwei oder drei Verzweigungspunkten. Beweis der Proposition (8.4).

Es sei Γ/k die projektive Gerade über dem algebraisch abgeschlossenen Körper k, welcher Charakteristik 0 haben soll. (Die Annahme Charakteristik $k = 0$ wird aus Bequemlichkeit gemacht. Man kann darauf verzichten, muss sich dann jedoch auf zahm verzweigte Überlagerungen beschränken.) Der Funktionenkörper von Γ/k ist dann der rationale Funktionenkörper einer Variablen über k, welcher im folgenden mit $K = k(x)$ bezeichnet wird. P_1, P_2 seien zwei verschiedene, k-wertige Punkte von Γ/k und v_1, v_2 die zugehörigen Bewertungen von K. Wir können o.E. annehmen, dass die Erzeugende x von K in P_1 eine Nullstelle hat und in P_2 einen Pol. (Sonst ersetze man x durch $\frac{ax+b}{cx+d}$ mit geeigneten $a,b,c,d \in k$ und $\begin{vmatrix} a & b \\ c & d \end{vmatrix} \neq 0$.) Sei $\Gamma' \longrightarrow \Gamma$ eine irreduzible, galoissche Überlagerung vom Grade n, welche höchstens in den Punkten P_1 und P_2 verzweigt ist. Wir wollen zeigen, dass $\Gamma' \longrightarrow \Gamma$ zyklisch ist. Nach der Riemann-Hurwitz'schen Geschlechtsformel gilt:

$$(*) \qquad 2g(\Gamma') - 2 = 2n(g(\Gamma) - 1) + \delta ,$$

wobei δ den Grad der Differente von $\Gamma' \longrightarrow \Gamma$ bezeichnet und $g(\Gamma')$ bzw. $g(\Gamma)$ die Geschlechter der Funktionenkörper von Γ' bzw. Γ (vgl. [14]). Γ ist die projektive Gerade, also ist $g(\Gamma) = 0$. δ berechnet man in der bekannten Weise (vgl. [14]): Sind $Q_1^{(1)}, \dots, Q_r^{(1)}$ die Punkte von Γ' über P_1, $Q_1^{(2)}, \dots, Q_s^{(2)}$ die Punkte von Γ' über P_2, weiter $e_i^{(1)}$ die Verzweigungsindizes der $Q_i^{(1)}$ und $e_j^{(2)}$ die Verzweigungsindizes der $Q_j^{(2)}$, $i = 1,\dots,r$, $j = 1,\dots,s$, so gilt für den Grad der Differente

$$\delta = \sum_{i=1}^{r}(e_i^{(1)} - 1) + \sum_{j=1}^{s}(e_j^{(2)} - 1).$$

Aus (*) wird dann:

$$2g(\Gamma') - 2 = -2n + \sum_{i=1}^{r} e_i^{(1)} + \sum_{j=1}^{s} e_j^{(2)} - (r+s).$$

Beachtet man, dass wegen der Summenformel für Bewertungen

$$\sum_{i=1}^{r} e_i^{(1)} = \sum_{j=1}^{s} e_j^{(2)} = n$$

ist, und dass $g(\Gamma') \geq 0$ ist, so folgt aus der obigen Gleichung $r = s = 1$, $e_1 = e_1 = n$ und $g(\Gamma') = 0$.

Das bedeutet, dass die Punkte P_1 und P_2 in $\Gamma' \xrightarrow{f'} \Gamma$ rein verzweigt sind und dass Γ' wieder eine rationale Kurve ist.

Die Trägheitsgruppe $I(Q_1')$ des eindeutig bestimmten Punktes Q_1' von Γ' über P_1 ist also die volle Galoisgruppe der Überlagerungen $\Gamma' \longrightarrow \Gamma$. Die Gruppe $I(Q_1')$ ist aber zyklisch (wir sind in Charakteristik 0; was man braucht ist: n ist prim zu Charakteristik k) und damit aber auch die Überlagerung $\Gamma' \longrightarrow \Gamma$.
Das hat zur Konsequenz, dass der Funktionenkörper $K' = k(\Gamma')$ über K durch eine n-te Wurzel $\sqrt[n]{f(x)}$, wobei f(x) ein Element aus k(x) ist, erzeugt werden kann. Dieselben Schlüsse wie in Vorlesung fünf zeigen, dass man $f(x) = x$ nehmen kann. (Hier wird benutzt, dass P_1 die Nullstelle und P_2 die Polstelle von x ist.)
Also gilt $K' = K(\sqrt[n]{x})$.
Wir sehen daraus sogar, alle Überlagerungen von Γ, welche höchstens in P_1 und P_2 verzweigt sind, sind zyklisch und zu jeder natürlichen Zahl n gibt es genau eine Überlagerung von Γ' vom Grad n, welche (höchstens) in P_1 und P_2 verzweigt. Für die Fundamentalgruppe von $\Gamma - \{P_1, P_2\}$ bedeutet das:

<u>(8.5) Satz:</u> $\pi_1(\Gamma - \{P_1, P_2\})$ ist die freie, profinite Gruppe in einer Erzeugenden.

<u>(8.6) Bemerkung:</u> Der eben geführte Beweis gilt auch in Charakteristik $p > 0$, falls man sich auf galoissche Überlagerungen beschränkt, welche einen Grad prim zu p haben. Jede solche Überlagerung von Γ vom Grad n, verzweigt höchstens in P_1 und P_2, ist zyklisch und hat $K(\sqrt[n]{x})$ als Funktionenkörper. Das ergibt wieder: Die Gruppe $\pi_1^{(p)}(\Gamma - \{P_1, P_2\})$ ist die Faktorgruppe der freien, profiniten Gruppe in einer Erzeugenden nach ihrer p-Sylowgruppe.

Nun zu dem Fall, dass drei Punkte P_1, P_2, P_3 als Verzweigungspunkte auf Γ/k gegeben sind. Wir haben weiter oben schon gesagt , dass es dann nicht mehr möglich ist, die Struktur von $\pi_1(\Gamma - \{P_1, P_2, P_3\})$ algebraisch zu bestimmen. Allerdings kann man von der Struktur von $\pi_1(\Gamma - \{P_1, P_2, P_3\})$ auf die Struktur von $\pi_1(\Gamma - \{P_1, \ldots, P_{n+1}\})$, für $n \geqslant 3$, schliessen. Wie, werden wir im folgenden ausführen.
In Vorlesung zwölf beweisen wir mit algebraischen Methoden folgendes (vgl. Korollar (12.5)):

Γ/k sei eine rationale, glatte Kurve über dem algebraisch abgeschlossenen Körper der Charakteristik 0. $\{P_1,\dots,P_{n+1}\}$ und $\{Q_1,\dots,Q_{n+1}\}$ seien zwei (n+1)-Tupel von k-wertigen Punkten auf Γ, so dass $P_\nu \neq P_\mu$ und $Q_\nu \neq Q_\mu$ ist für $\nu \neq \mu$. Dann sind die Fundamentalgruppen $\pi_1(\Gamma-\{P_1,\dots,P_{n+1}\})$ und $\pi_1(\Gamma-\{Q_1,\dots,Q_{n+1}\})$ isomorph.

Wegen dieses Ergebnisses genügt es zum Beweis von Proposition (8.4) die folgende Aussage zu beweisen:

Ist die Gruppe $\pi_1(\Gamma-\{P_1,P_2,P_3\})$ die freie profinite Gruppe in zwei Erzeugenden, so gibt es eine rationale, glatte Kurve Γ'/k und n+1 k-wertige Punkte $Q_1,\dots,Q_{n+1}$ auf Γ'/k, so dass $\pi_1(\Gamma'-\{Q_1,\dots,Q_{n+1}\})$ die freie profinite Gruppe in n Erzeugenden ist.

Beachtet man, dass zwei glatte, rationale Kurven Γ/k und Γ'/k über k biregulär isomorph sind, so folgt daraus das Gewünschte.

Um die Kurve Γ'/k zu konstruieren benötigen wir das folgende Lemma, welches wir in der Sprache der Funktionenkörper formulieren.

<u>(8.7) Lemma:</u> Es sei K/k ein rationaler Funktionenkörper einer Variablen über dem algebraisch abgeschlossenen Körper k der Charakteristik 0. v_1,v_2,v_3 seien drei verschiedene Bewertungen von K/k. m sei eine natürliche Zahl. Dann gibt es eine endliche algebraische Erweiterung L/K, so dass gilt:

1) L/k ist ein rationaler Funktionenkörper vom Grad m über K.
2) Die galoissche Hülle L* von L/K hat über K die symetrische Gruppe $\mathfrak{S}_m$ als Galoisgruppe.
3) Höchstens die Bewertungen v_1,v_2,v_3 von K sind in L verzweigt und in L liegen genau m+2 verschiedene Bewertungen über den Bewertungen v_i, $i = 1,2,3$.

<u>Beweis:</u> Wir bemerken zuerst, dass man jeden rationalen Funktionenkörper k(x) isomorph so auf den Körper K/k abbilden kann, dass drei beliebig vorgegebene Bewertungen von k(x) die Bewertungen v_1,v_2,v_3 als Bilder haben. Es genügt deshalb die

Existenz des Körpers L für einen beliebigen rationalen Funktionenkörper k(x) und irgend drei verschiedenen Bewertungen von k(x) zu beweisen. Durch einen Isomorphismus erhält man daraus das Lemma für den Körper K und die Bewertungen v_1, v_2, v_3.

Es sei $L = k(y)$ ein rationaler Funktionenkörper in y über k und $x = y^{m-1}(y-1)$. Dann ist k(x) ein rationaler Teilkörper von L, über welchem L vom Grade m ist, denn die Erzeugende y von L ist über k(x) Nullstelle des Polynoms $Y^m - Y^{m-1} - x$, welche irreduzibel ist. Klar ist, dass die Bewertungen v_0 und v_∞ von k(x), welche durch $x = 0$ und $x = \infty$ definiert sind, in der Erweiterung L/k(x) verzweigt sind, falls $m > 2$ ist, für $m = 2$ ist v_0 unverzweigt in L. Offensichtlich liegt über v_∞ genau eine Bewertung von k(y), nämlich diejenige, welche durch $y = \infty$ definiert ist (ist $x = \infty$, so ist die Gleichung $Y^m - Y^{m-1} - x = 0$ nur für $y = \infty$ lösbar). Also ist v_∞ in $k(y) = L$ voll verzweigt mit Verzweigungsindex m. Über v_0 liegen in k(y) sicher die Bewertungen w_0 bzw. w_1, welche durch $y = 0$ bzw. $y = 1$ definiert sind. Der Verzweigungsindex von w_0 in der Erweiterung L/k(x) ergibt sich aus der Gleichung $Y^m - Y^{m-1} - x = 0$ als $m-1$. Also sind wegen der Summenformel für Bewertungen (vgl. Eichler [14]) w_0 und w_1 die einzigen Bewertungen von L über v_0.

Um weitere Bewertungen von L zu finden, welche in L/k(x) verzweigt sind, benutzen wir wieder die Riemann-Hurwitz'sche Relativgeschlechtsformel:

$$(*) \qquad 2g(L) - 2 = 2m(g(k(x)) - 1) + \delta .$$

Beachtet man den Beitrag von w und w_0 zur Differente von L/k(x), so erhält man für δ : $\delta = (m-1)+(m-2)+\delta^* = 2m-3+\delta^*$, wobei δ^* gesucht ist. Aus der Formel (*) folgt dann

$$\delta^* = 1.$$

Das heisst aber, dass in L/k(x) noch genau eine Bewertung w von L verzweigt ist mit Verzweigungsindex 2. Diese Bewertung w kann leicht mit Hilfe der Differente D(f(y)) des Polynoms $f(y) = Y^m - Y^{m-1} - x$ berechnet werden und ergibt sich als diejenige Bewertung, welche zu $y = \frac{m-1}{m}$ gehört. Die Bewertung v von k(x), welche

durch w bestimmt ist, wird dann durch $x = \frac{-(m-1)^{m-1}}{m^m}$ gegeben.
Die Bewertungen von k(y), welche über den Bewertungen v_o, v_∞ und v liegen, können nun ebenfalls leicht bestimmt werden. Benutzt man die Summenformel für Bewertungen, so ergibt sich sofort, dass über v_o, v_∞ und v in L genau m+2 Bewertungen liegen.
Das beweist Teil 1) und Teil 3) des Lemmas.

Um Teil 2) zu beweisen, machen wir auf die folgenden allgemeinen Tatsachen aufmerksam. Es sei K/k ein beliebiger Funktionenkörper einer Variablen über dem algebraisch abgeschlossenen Grundkörper k und L/k eine (separable, zahm verzweigte) endliche Erweiterung. L* sei die galoissche Hülle von L/K. Dann besteht die folgende Beziehung zwischen den Verzweigungsordnungen der Bewertungen von L* und L:v sei eine Bewertung von K/k, $w_1,\dots,w_r$ seien alle Bewertungen von L, welche über v liegen und $e(w_i/v) = e_i$, $i = 1,\dots,r$, seien die Verzweigungsordnungen der w_i über v. Ist w* eine beliebige Bewertung von L* über v (welche wir nehmen ist einerlei, denn alle sind konjugiert), so ist die Verzweigungsordnung e(w*/v) von w* über v gleich dem kleinsten gemeinschaftlichen Vielfachen der e_i, $i = 1,\dots,r$. Ein Beweis dieser Tatsache bedarf nur einfacher lokaler Betrachtungen, welche wir hier nicht durchführen. Man findet diese z.B. bei Abhyankar [61], S.843. Wenden wir dies auf unsere konkrete Situation an, so folgt, dass der Verzweigungsindex einer Bewertung w_o^* von L* (L* = galoissche Hülle von L = k(y) über k(x)), welche über v_o liegt, gleich (m-1) ist. Das ergibt, die Verzweigungsgruppe I(w*) ist zyklisch von der Ordnung (m-1).
Analog ergibt sich für eine Bewertung w* von L*, welche über der zu $x = \frac{-(m-1)^{m-1}}{m^m}$ gehörigen Bewertung von K = k(x) liegt, dass die Verzweigungsgruppe I(w*) zyklisch von der Ordnung 2 ist.
Man weiss aus der Galoistheorie, dass die Gruppe G auf den Wurzeln der Gleichung $f(Y) = Y^m - Y^{m-1} - x$ als Permutationsgruppe operiert und zwar treu, d.h. verschiedene Elemente aus G erzeugen verschiedene Permutationen auf den Wurzeln.

Ist σ eine Erzeugende der Gruppe $I(w_o^*)$, so wollen wir zeigen, dass σ als Permutation auf den Wurzeln von $f(Y)$ ein $(m-1)$-Zyklus ist.

Ist $L^*_{w_o}$ die Komplettierung des Körpers L^* nach der Bewertung w_o^* und K_{v_o} die Komplettierung des Körpers K nach v_o, so haben wir das folgende Diagramm:

$$\begin{array}{ccc} L & \overset{j}{\hookrightarrow} & L^*_{w_o} \\ \cup & & \cup \\ K & \overset{j}{\hookrightarrow} & K_{v_o} \end{array},$$

wobei j die kanonische Einbettung von L bzw. K in $L^*_{w_o}$ bzw. K_{v_o} bezeichnet. Man weiss, $L^*_{w_o}$ wird über K_{v_o} durch die Elemente aus L erzeugt und die Erweiterung $L^*_{w_o}/K_{v_o}$ ist galoissch mit Galoisgruppe $I(w_o^*)$. $f(Y)$ faktorisiert über K_{v_o} in zwei irreduzible Faktoren $f_1(Y)$ und $f_2(Y)$, wobei $f_1(Y)$ vom Grad $m-1$ und $f_2(Y)$ linear ist. $L^*_{w_o}$ ist dann der Zerfällungskörper des Polynoms $f_1(Y)$ über K_{v_o}. Eine Erzeugende der zyklischen Untergruppe $I(W_o^*)$ von G operiert transitiv auf den Wurzeln von $f_1(Y)$, also als $(m-1)$-Zyklus und damit auch als $(m-1)$-Zyklus auf den Wurzeln von $f(Y)$.

Entsprechend zeigt man, dass die Erzeugenden der Gruppe $I(w^*)$ als Permutation auf den Wurzeln von $f(Y)$ als 2-Zyklus operiert.

Das zeigt, dass die Galoisgruppe G als (transitive) Permutationsgruppe auf den m Wurzeln von $f(Y)$ einen 2-Zyklus und einen $(m-1)$-Zyklus enthält. Nach van der Waerden [43], S.199, folgt daraus, G ist isomorph zu der symetrischen Gruppe $\mathfrak{S}_m$.

<u>(8.8) Bemerkung:</u> Lemma (8.7) ist an sich interessant. Es gestattet nämlich galoissche Überlagerungen der projektiven Geraden zu konstruieren, welche in 3 vorgegebenen Punkten verzweigt sind und die symetrische Gruppe $\mathfrak{S}_m$ mit vorgegebenem m als Galoisgruppe besitzen. Darüberhinaus funktioniert der Beweis des Lemmas auch noch in Charakteristik $p > 0$, falls man gewisse Voraussetzungen macht. Sind z.B. m und $m-1 \not\equiv 0$ modulo p, so ergeben die obigen Überlegungen, dass der Zerfällungskörper der Gleichung $f(y) = Y^{m-1}(Y-1)-x$ eine galoissche Erweiterung von $k(x)$ ist

mit $\mathfrak{S}_m$ als Galoisgruppe, welche nur in den Bewertungen, welche zu $x = 0, \infty, \frac{-(m-1)^{m-1}}{m^m}$ von $k(x)$ gehören, verzweigt ist. Ist m ungerade und sind $m, m-2, 2 \not\equiv 0$ modulo p, so ist der Zerfällungskörper von $f(Y) = Y^{m-2}(Y-1)^2-x$ eine galoissche Körpererweiterung von $k(x)$ mit $\mathfrak{S}_m$ als Galoisgruppe, welche nur in den Bewertungen zu $x = 0, \infty, \frac{4(m-2)^{m-2}}{m^m}$ von $k(x)$ verzweigt. Vgl. für den Beweis [61], S.834.

Nun zurück zur Körpererweiterung $k(y)/k(x)$. Diese hat den Grad m und m+2 verschiedene Bewertungen liegen über den Bewertungen v_o, v_1, v_∞ von $k(x)$. Wir wählen $m+2 = n$, wobei $n \geq 3$ ist.

Es seien nun Γ'/k bzw. Γ/k glatte, projektive Kurven, welche $k(y)$ bzw. $k(x)$ als Funktionenkörper besitzen. Dann induziert die Einbettung von $k(x)$ in $k(y)$ einen surjektiven Morphismus $\Gamma' \longrightarrow \Gamma$ und Γ' wird zur Überlagerung von Γ vom Grade m, in welcher nur die Punkte P_o, P_1, P_∞ von Γ verzweigt sind, welche zu den Bewertungen v_o, v_1, v_∞ gehören.

$P'_1, \ldots, P'_n$ seien diejenigen Punkte von Γ'/k, welche über einem der Punkte P_o, P_1, P_∞ liegen. Dann ist jede irreduzible, normale Überlagerung $\Lambda' \longrightarrow \Gamma'$ von Γ', welche höchstens in den Punkten $P'_1, \ldots, P'_n$ verzweigt ist, auch eine Überlagerung von Γ höchstens in den Punkten P_o, P_1, P_∞ verzweigt. Deshalb ist die Fundamentalgruppe $\Pi_1(\Gamma' - \{P'_1, \ldots, P'_n\})$ Untergruppe von $\Pi_1(\Gamma - \{P_o, P_1, P_\infty\})$ von endlichem Index, also insbesondere eine offene Untergruppe von $\Pi_1(\Gamma - \{P_o, P_1, P_\infty\})$.

Nimmt man nun an, dass $\Pi_1(\Gamma - \{P_o, P_1, P_\infty\})$ frei ist (wir wissen das aus der Topologie), so impliziert dies, dass auch $\Pi_1(\Gamma - \{P'_1, \ldots, P'_n\})$ eine freie, profinite Gruppe ist, denn eine offene Untergruppe einer freien, profiniten Gruppe ist nach dem Satz von Schreier für profinite Gruppen frei.

Wir haben noch die Minimalanzahl der Erzeugenden zu berechnen. Das kann z.B. mit Hilfe der Formel von Schreier geschehen, welche man für gewöhnliche freie Gruppen bei Huppert [62], S.141, findet und welche sich sofort auf freie, profinite Gruppen überträgt.

Diese Formel besagt folgendes: Ist G eine freie profinite Gruppe mit m freien Erzeugenden und H eine offene Untergruppe mit endlichem Index j, so hat H genau 1+j(m-1) freie Erzeugende (beachte, H ist frei). Dies auf $\pi_1(\Gamma' - \{P_1', \dots, P_n'\})$ angewandt ergibt, dass diese Gruppe n-1 freie Erzeugende hat.

(8.9) Bemerkung: Wir wollen noch einmal darauf hinweisen, dass wir in Vorlesung fünf die Struktur des p-primen Teils der Faktorkommutatorgruppe von $\pi_1(\Gamma - \{P_1, \dots, P_n\})$ einer rationalen Kurve Γ/k rein algebraisch bestimmt haben und dass wir dort zeigten, dass diese Gruppe frei mit n-1 Erzeugenden ist.

Darüberhinaus sind durch Deuring [13], Serre [37] und Šafarevič [41] die irreduziblen, unverzweigten abelschen Überlagerungen einer beliebigen, irreduziblen, regulären und projektiven Kurve Γ/k vom Geschlecht g bekannt. (k ist wieder ein algebraisch abgeschlossener Körper der Charakteristik $p \geq 0$.) Die zu diesen Überlagerungen gehörige (unendliche) Galoisgruppe ist isomorph zur vollen Tate-Gruppe $\hat{T}(J)$ der zu Γ/k gehörigen Jacobischen Mannigfaltigkeit J/k. Es gilt:

$$\hat{T}(J) = \left(\prod_{\ell \neq p} \mathbb{Z}_\ell^{2g}\right) \times \mathbb{Z}_p^{\gamma}.$$

Dabei ist $\mathbb{Z}_\ell$ bzw. $\mathbb{Z}_p$ der Ring der ganzen ℓ-adischen bzw. p-adischen Zahlen und γ eine ganze Zahl mit $0 \leq \gamma \leq g$, welche von Hasse und Witt in [71] eingeführt wurde.

Auch über die irreduziblen, normalen, abelschen Überlagerungen von Γ/k, welche höchstens in n vorgegebenen, k-wertigen Punkten $P_1, \dots, P_n$ von Γ/k verzweigt sind, hat man rein algebraisch eine gewisse Übersicht. Man kann nämlich zeigen, dass diese Überlagerungen eineindeutig den Isogenien gewisser verallgemeinerter Jacobischer Mannigfaltigkeiten entsprechen. Wir verweisen auf Serre [37], dort ist alles genau ausgeführt.

Neunte Vorlesung

ÜBERLAGERUNGEN VON PRODUKTEN. UNABHÄNGIGKEIT VON $\pi_1(X)$ BEI KONSTANTEN-ERWEITERUNG. DEFORMATION UND HOCHHEBEN ETALER ÜBERLAGERUNGEN.

Der erste Teil dieser Vorlesung geht auf Lang und Serre [22] zurück. Der zweite Teil behandelt einen speziellen Fall der Grothendieck'schen Deformationstheorie etaler Überlagerungen.

X,Y,U seien zunächst irreduzible, projektive und normale Mannigfaltigkeiten über dem algebraisch abgeschlossenen Körper k.
Zur Diskussion der Überlagerungen eines Produkts $X \times Y$ benötigen wir einige Vorbereitungen.

(9.1) Lemma: Es sei $f':X' \longrightarrow X$ eine irreduzible, etale Überlagerung von X. W sei eine abgeschlossene Teilmannigfaltigkeit von X, welche normal ist (d.h. die lokalen Ringe auf W sind normal). Dann sind die irreduziblen Komponenten W_i' von $f'^{-1}(W)$ normale Mannigfaltigkeiten, welche als Teilmannigfaltigkeiten von X' betrachtet, disjunkt sind. Jede der Mannigfaltigkeiten W_i' wird, wenn man f' auf W_i' einschränkt, zu einer irreduziblen, etalen Überlagerung von W.

Beweis: Ist $n_i = [F(W_i') : F(W)]_s$, so gilt nach dem in Vorlesung eines Gesagten: $\sum_i n_i = n$. Es sei nun P ein k-wertiger Punkt von W und m_i sei die Anzahl der (k-wertigen) Punkte von W_i', welche bezüglich f' über P liegen. Dann gilt, da W normal ist, $m_i \leq n_i$. Vgl. Abhyankar [7], S.34. Da $f':X' \longrightarrow X$ unverzweigt ist, gibt es genau n Punkte P' auf X', welche über P liegen. Da jeder der Punkte P' auf mindestens einer der Mannigfaltigkeiten W_i' liegt, ergibt sich daraus $\sum_i m_i \geq n$ und daher $m_i = n_i$. Klar ist, dass durch die Einschränkung von f' auf W_i' die

Mannigfaltigkeiten W_i' zu Überlagerungen von W im Sinne von Definition (1.4) werden. Aus der Gleichung $m_i = n_i$ folgt, dass die Überlagerungen $f':W_i' \longrightarrow W$ unverzweigt sind. Nach den Ausführungen der Vorlesung eins (vgl. Proposition (1.8)) folgt dann, W_i' ist normal und $f'W_i' \longrightarrow W_i$ ist etal. Hätten schliesslich zwei verschiedene der Mannigfaltigkeiten W_i',W_j' einen gemeinsamen k-wertigen Punkt P', so würden über dem Punkt f'(P') von X in der Überlagerung $X' \longrightarrow X$ höchstens $(\sum_i m_i)-1 = n-1$ verschiedene Punkte von X liegen. Das ist aber nicht der Fall.

Aus Lemma (9.1) ergibt sich sofort

(9.2) Korollar: Ist die etale Überlagerung $f':X' \longrightarrow X$ galoissch mit Galoisgruppe G, so sind auch die von f' induzierten, etalen Überlagerungen $f':W_i' \longrightarrow W$ galoissch und die Galoisgruppen G_i sind gerade die Stabilisatoren der W_i' (oder die Zerlegungsgruppen der allgemeinen Punkte der W_i'). Es gilt also $G_i = \{\sigma \in G\ ;\ \sigma(W_i') = W_i'\}$.

Nun zu den Überlagerungen eines Produkts $X \times Y$.

X,Y seien normale, projektive Mannigfaltigkeiten, definiert über dem algebraisch abgeschlossenen Körper k. Dann ist das Faserprodukt $X \times_k Y$ in der Kategorie der Preschemata unter den gemachten Voraussetzungen eine irreduzible, projektive Mannigfaltigkeit (um dies einzusehen benutze man die Definition des Faserprodukts und Korollar 1, S.198, in [59,I] über das Tensorprodukt von Integritätsbereichen). Weiter ist nach Bourbaki [10], S.29, $X \times_k Y$ unter den gemachten Voraussetzungen normal.

Beachtet man, dass über einem algebraisch abgeschlossenen Körper das freie Produkt zweier k-Algebren A,B, welche keine Nullteiler haben, gleich dem Tensorprodukt $A \otimes_k B$ ist, so ergibt sich, dass $X \times_k Y$ (unter den gemachten Voraussetzungen) mit dem Produkt $X \times Y$ im Sinne von A. Weil [45] übereinstimmt. Das erlaubt uns im folgenden die Sprache von A. Weil [45] zu benutzen. Insbesondere ist die Redeweise "y ist ein allgemeiner Punkt von Y über k" im Sinne von Weil [45] zu verstehen.

$f:U \longrightarrow X \times Y$ sei eine irreduzible, etale Überlagerung von $X \times Y$. Ist y ein k-wertiger

Punkt von Y, so bezeichnen wir mit U_y das inverse Bild von $X \times \{y\}$ in U bei der Abbildung f. Nach Lemma (9.1) sind die irreduziblen Komponenten von U_y etale Überlagerungen von $X \times \{y\}$.

Es gilt:

(9.3) Proposition: $f: U \longrightarrow X \times Y$ sei eine irreduzible, etale Überlagerung von $X \times Y$, wobei X,Y projektive, irreduzible, normale Mannigfaltigkeiten über dem algebraisch abgeschlossenen Körper k sind. y_o sei ein Punkt von Y, so dass $X \times \{y_o\}$ in $f: U \longrightarrow X \times Y$ voll aufspaltet, d.h. $U_{y_o} = f^{-1}(X \times \{y_o\})$ zerfällt in n irreduzible Komponenten, wenn n der Grad der Überlagerung $U \longrightarrow X \times Y$ ist. Dann folgt: U ist über $X \times Y$ zu einer Überlagerung der Form $X \times Y'$ isomorph, wobei Y' eine irreduzible, etale Überlagerung von Y ist.

Beweis: Es sei y ein über k allgemeiner Punkt von Y. Dann ist U_{y_o} Spezialisierung der Mannigfaltigkeit U_y. Nach dem Zusammenhangssatz von Zariski (vgl. Vorlesung zwei) folgt, die Anzahl der Zusammenhangskomponenten von U_y ist mindestens so gross wie die Anzahl der Zusammenhangskomponenten von U_{y_o}. Die letztere Anzahl ist aber nach Voraussetzung und Lemma (9.1) gleich der Grad n der Überlagerung $U \longrightarrow X \times Y$. Das zeigt, U_y hat n Zusammenhangskomponenten oder U_y spaltet bezüglich f vollständig auf. Es sei nun x ein über k allgemeiner Punkt von X, welcher von y algebraisch unabhängig ist und $u \in U$ ein Punkt, so dass $f(u) = (x,y)$ ist. Dann ist u ein über k allgemeiner Punkt von U und der Abschluss von u in U über dem Körper k(y) ist gerade U_y. Deshalb ist U_y irreduzibel über k(y). Es sei L der algebraische Abschluss von k(y) in k(u). Da die Körpererweiterungen k(u)/k(x,y) und k(x,y)/k(y) separabel sind, ist auch die Erweiterung k(u)/k(y) separabel und die Erweiterung k(u)/L sogar regulär. Der Abschluss von u über L ist daher einer der irreduziblen Komponenten von U_y. Da aber U_y voll über $X \times \{y\}$ zerfällt gilt: $k(u) = L(x)$. Bezeichnet nun Y' die Normalisierung von Y in L, so ist $X \times Y'$, wegen der obigen Ausführungen über Produkte, gerade die Normalisierung von $X \times Y$ in k(u) und daher $U \cong X \times Y'$. (Beachte, $X \times Y'$ ist normal und ganz über $X \times Y$.)

Der Hauptsatz über Überlagerungen eines Produktes $X \times Y$ formuliert sich dann wie folgt:

<u>(9.4) Satz:</u> Es sei $f: U \longrightarrow X \times Y$ eine irreduzible, etale Überlagerung; X und Y sind irreduzible, projektive, normale Mannigfaltigkeiten über k. Dann gibt es irreduzible, etale Überlagerungen X' von X und Y' von Y, so dass U ein Quotient der Überlagerung $X' \times Y' \longrightarrow X \times Y$ ist.

<u>Beweis:</u> O.E. können wir annehmen, dass die etale Überlagerung $f: U \longrightarrow X \times Y$ galoissch ist. G sei die Galoisgruppe. Es sei $b \in Y$ ein k-wertiger Punkt und $f^{-1}(X \times \{b\}) = U_b$. Jede der irreduziblen Komponenten X' von U_b ist nach Korollar (9.2) eine etale, galoissche Überlagerung von $X \times \{b\}$ und damit auch von X, wenn man X mit $X \times \{b\}$ identifiziert, mit einer Untergruppe G' von G (dem Stabilisator von X') als Galoisgruppe. X' sei im folgenden eine feste Komponente von U_b. Dann induziert die Überlagerung $X' \xrightarrow{f'} X$ in naheliegender Weise die irreduzible, etale Überlagerung $h: X' \times Y \xrightarrow{f' \times Id} X \times Y$, welche ebenfalls galoissch mit Galoisgruppe G' ist. Wir betrachten dann die etale Überlagerung

$$(X' \times Y) \times U \xrightarrow{Id \times f} (X' \times Y) \times (X \times Y)$$

und betten $X' \times Y$ mit Hilfe des Graphs von h in das Produkt $(X' \times Y) \times (X \times Y)$ ein. $(X' \times Y)^*$ sei das Bild von $X' \times Y$ bei dieser Einbettung und W sei das Urbild von $(X' \times Y)^*$ in $(X' \times Y) \times U$ bezüglich der Abbildung $Id \times f$.
Es gilt also $W = \{(x', y, u);\ h(x', y) = f(u)\}$. Nach Lemma (9.1) sind die irreduziblen Komponenten von W etale, galoissche Überlagerungen von $(X' \times Y)^*$ mit einer Untergruppe von G als Galoisgruppe. Identifiziert man $(X' \times Y)$ mit $(X' \times Y)^*$ (bezüglich der obigen Einbettung), so werden die irreduziblen Komponenten von W auch zu Überlagerungen von $X' \times Y$.
Es sei nun $a \in X'$ ein fester, k-wertiger Punkt und W' diejenige irreduzible Komponente von W, welche den Punkt $(a, b, a) \in W$ enthält. (Beachte, X' ist Teilmannigfaltigkeit von U.) Da W' eine etale Überlagerung von $X' \times Y$ ist, so ist W'

auch eine etale Überlagerung von $X \times Y$. Das zeigt schon, dass U Quotient von W' ist, denn die Überlagerung $W' \longrightarrow X \times Y$ faktorisiert über U. Es genügt deshalb zu zeigen, dass W' von der Form $X' \times Y'$ ist. Dazu zeigen wir, dass $X' \times \{b\}$ in der Überlagerung $W' \longrightarrow X' \times Y$ voll zerfällt. In der Tat enthält W die Teilmannigfaltigkeit von $X' \times Y \times U$, bestehend aus allen Punkten der Gestalt (x',b,x'), wobei x' die Mannigfaltigkeit X' durchläuft und X' als Teilmannigfaltigkeit von U zu betrachten ist. Da diese irreduzible Mannigfaltigkeit den Punkt $(a,b,a) \in W$ mit W' gemeinsam hat, so folgt, dass sie in W' enthalten ist und sogar eine irreduzible Komponente von $g^{-1}(X' \times \{b\})$ darstellt [$g^{-1}(X' \times \{b\})$ ist das inverse Bild von $X' \times \{b\}$ in der Überlagerung $g: W' \longrightarrow X' \times Y$], welche als Überlagerung von $X' \times \{b\}$ aufgefasst, vom Grade 1 ist. Da $W' \longrightarrow X' \times Y$ galoissch ist folgt daraus, dass jede Komponente von W' über $X' \times \{b\}$ vom Grade 1 ist. Nach Proposition (9.3) ergibt sich, dass W' von der Gestalt $X' \times Y'$ ist.

Satz (9.4) ergibt ohne grosse Schwierigkeiten den Satz:

(9.5) Satz: X,Y seien irreduzible, projektive und normale Mannigfaltigkeiten über dem algebraisch abgeschlossenen Körper k. Dann ist $\pi_1(X \times Y) = \pi_1(X) \times \pi_1(Y)$.

Eine weitere Folgerung aus Satz (9.4) ist:

(9.6) Korollar: Die Voraussetzungen sind wie in Satz (9.4). a,b seien k-wertige Punkte aus Y. Dann sind die Mannigfaltigkeiten $U_a = f^{-1}(X \times \{a\})$ und $U_b = f^{-1}(X \times \{b\})$ isomorph und der Isomorphismus ist mit den Überlagerungsabbildungen $U_a \longrightarrow X$ und $U_b \longrightarrow X$ verträglich.

Beweis: $U \longrightarrow X \times Y$ ist Quotient einer Überlagerung $g: X' \times Y' \longrightarrow X \times Y$. Man kann dabei annehmen, dass X' und Y' galoissche Überlagerungen von X bzw. Y sind mit G_1 bzw. G_2 als Galoisgruppen. Dann ist U isomorph zu der Quotientenmannigfaltigkeit $X' \times Y'/H$, wobei H eine Untergruppe von $G_1 \times G_2$ ist. Wir setzen $U_a' = g^{-1}(X \times \{a\})$, $U_b' = g^{-1}(X \times \{b\})$. U_a' und U_b' sind dann isomorph zu $X' \times G_2$ und dieser Isomorphismus ist mit der Operation von $G_1 \times G_2$ vertauschbar. Da U_a isomorph zur Quotientenmannigfaltigkeit U'_a/H ist, ist U_a auch isomorph zur Quotientenmannigfaltigkeit $(X' \times G_2)/H$. Da dasselbe auch für U_b gilt, ist das Korollar bewiesen.

Unabhängigkeit von $\pi_1(X)$ bei Konstantenerweiterungen.

Der folgende Satz wird bewiesen:

(9.7) Satz: X/k sei eine irreduzible, normale, projektive Mannigfaltigkeit über dem algebraisch abgeschlossenen Körper k. k* sei ein algebraisch abgeschlossener Erweiterungskörper von k und $X^* = X \otimes k^*$ die Konstantenerweiterung von X mit k*. Dann gilt: Die Konstantenerweiterung $X' \longmapsto X' \otimes k^*$ definiert eine Äquivalenz ϕ zwischen den Kategorien $Et(X/k)$ und $Et(X^*/k^*)$ und die Gruppen $\pi_1(X)$ und $\pi_1(X^*)$ sind isomorph.

Beweis: Es ist trivial und folgt aus einfachen Eigenschaften des Tensorproduktes, vgl. [59], I, dass für eine irreduzible, etale Überlagerung $X' \longrightarrow X$ die Mannigfaltigkeit $X' \otimes k^*$ in natürlicher Weise eine irreduzible, etale Überlagerung von $X^* = X \otimes k^*$ ist von demselben Grad wie die Überlagerung $X' \longrightarrow X$. Deshalb ergibt die Vorschrift $\phi: X' \longmapsto X' \otimes k^*$ einen injektiven Morphismus der Kategorie der irreduziblen, etalen Überlagerung von X in die Kategorie der etalen Überlagerung von X*. Man hat zu zeigen, dass ϕ surjektiv ist. Es sei also $f: Y^* \longrightarrow X^*$ eine irreduzible, etale Überlagerung von X*, welche über k* definiert ist. Dann ist $f: Y^* \longrightarrow X^*$ schon über einem über k endlich erzeugten Teilkörper l von k* definiert. Dann sei v ein über l allgemeiner Punkt von X* und $u \in Y^*$ ein Punkt, so dass $f(u) = v$ ist. Weiter sei W* ein normales, projektives Modell von l über k, also eine normale, projektive Mannigfaltigkeit über k, welche l als Funktionenkörper hat. w sei ein über k allgemeiner Punkt von W*, so dass $k(w) = l$ ist. Dann ist $l(v) = k(v,w)$ der Funktionenkörper von $X^* \times W^*$ und $l(u)$ ist eine endliche,

algebraische Erweiterung von $k(v,w)$. Es sei Y' die Normalisierung von $X^* \times W^*$ in $l(u)$ und $f': Y' \longrightarrow X^* \times W^*$ die Überlagerungsabbildung. Klar ist, dass $Y' = f'^{-1}(X^* \times \{w\})$ über $k(w)$ zur vorgegebenen Überlagerung Y^* isomorph ist.
Nun sei $\Delta \subset X^* \times W^*$ die Verzweigungsmannigfaltigkeit der Überlagerung $Y' \xrightarrow{f'} X^* \times W^*$. Δ ist eine abgeschlossene Teilmannigfaltigkeit, welche disjunkt zu $X^* \times \{w\}$ ist, denn nach Voraussetzung ist $Y^* = Y'_w$ unverzweigt über $X^* = X^* \times \{w\}$. Also ist Δ in einem Produkt $X \times Z^*$ enthalten, wobei Z^* eine echte abgeschlossene Teilmannigfaltigkeit von W^* ist. Es sei $W = W^* - Z^*$. Dann ist Y' über $X^* \times W$ unverzweigt und es gilt wieder $Y'_w = f^{-1}(X^* \times \{w\}) = Y^*$. Wählt man nun einen k-wertigen Punkt a von W, so sind nach Korollar (9.6) die Mannigfaltigkeiten Y'_w und Y'_a als Überlagerungen isomorph. Daraus folgt, dass Y_a irreduzibel, über k definiert und zu Y^* über k^* isomorph ist.

Deformation und Hochheben etaler Überlagerungen.

Wir behandeln nur Deformationen etaler Überlagerungen über diskretem Bewertungsring vom Rang 1. Ausserdem werden die Beweise teilweise nur angedeutet, ausgeführt findet man sie unter viel allgemeineren Voraussetzungen in [17] und [24].

Es sei (R,m) ein diskreter Bewertungsring vom Rang 1 mit Quotientenkörper K und Restklassenkörper k. Wir nehmen an, dass k algebraisch abgeschlossen und Charakteristik $k = p \geqslant 0$ ist. t sei eine Erzeugende des maximalen Ideals m von R. X/R sei ein irreduzibles, projektives und glattes R-Schema der Dimension n. $X_o = X \times \mathrm{Spec}(k)$ sei die abgeschlossene Faser von X/R. $\mathcal{E}t(X/R)$ bezeichnet die Kategorie der etalen Überlagerungen von X und $\mathcal{E}t(X_o/k)$ die Kategorie der etalen Überlagerungen von X_o/k. Dann gilt:

(9.8) Satz: Die Kategorien $\mathcal{E}t(X/R)$ und $\mathcal{E}t(X_o/k)$ sind äquivalent.

Beweis: Sei $X' \xrightarrow{f'} X$ eine irreduzible, etale Überlagerung von X vom Grade n. Dann ist der allgemeine Punkt von X_o/k (X_o/k aufgefasst als abgeschlossenes Teilschema von X/R) in X' unverzweigt und daher die abgeschlossene Faser $X' \times \mathrm{Spec}(k)$ reduziert. Ist P_o ein beliebiger Punkt von X_o und P'_o ein Punkt von X' über P_o, so ist P'_o ebenfalls über P_o unverzweigt in der Überlagerung $X' \xrightarrow{f'} X$. Da t regulärer Parameter von P_o ist folgt, t ist auch regulärer Parameter von P'_o und daraus, P'_o ist regulär auf $X'_o = X' \times \mathrm{Spec}(k)$. Das zeigt, X'_o/k ist regulär. Nach dem Zusammenhangssatz von Zariski ist X'_o/k aber auch zusammenhängend und daher irreduzibel (vgl. Vorlesung zwei und beachte, dass X' über R eigentlich (proper) ist). Das zeigt, dass X'_o/k eine irreduzible, etale Überlagerung von X_o vom Grade n ist (die Überlagerungsabbildung wird von f' induziert) und dass $X'_o \xrightarrow{f'} X_o$ genau dann galoissch, wenn $X' \xrightarrow{f} X$ galoissch ist mit isomorphen Galoisgruppen, wie man sich sofort überlegt.

Die Zuordnung $\phi: X' \longmapsto X'_o = X' \times \mathrm{Spec}(k)$ ergibt daher eine injektive Abbildung von $\mathcal{E}t(X/R)$ in $\mathcal{E}t(X_o/k)$. Beachtet man noch, dass diese Zuordnung verträglich ist mit der Bildung des Produkts in den Kategorien $\mathcal{E}t(X/R)$ und $\mathcal{E}t(X_o/k)$, so ist klar, dass ϕ ein injektiver Morphismus von $\mathcal{E}t(X/R)$ in $\mathcal{E}t(X_o/k)$ ist. Es bleibt zu zeigen, dass jede irreduzible, etale Überlagerung X'_o/k von X_o/k bei ϕ als Bild einer etalen Überlagerung von X/R auftritt.

Um das einzusehen hat man die Grothendieck'sche Deformationstheorie zu benutzen, die wir in groben Zügen darstellen, allerdings unter einschränkenden Voraussetzungen und ohne Beweis.

Es sei k ein algebraisch abgeschlossener Körper und A ein lokaler Artinring mit k als Restklassenkörper. J sei ein nilpotentes Ideal von A und A = A/J sei der Restklassenring nach J. Es sei X ein A-Schema mit $f: X \longrightarrow \mathrm{Spec}(A)$ als Strukturmorphismus. Dann hat man das Diagramm

$$\begin{array}{ccc} X & \longleftarrow & X \times \mathrm{Spec}(\tilde{A}) = \overline{X} \\ \downarrow & & \downarrow \\ \mathrm{Spec}(A) & \longleftarrow & \mathrm{Spec}(\tilde{A}) \end{array}$$

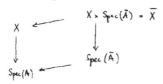

wobei $X \times \mathrm{Spec}(\bar{A}) = \bar{X}$ das Faserprodukt von X mit $\mathrm{Spec}(\bar{A})$ über $\mathrm{Spec}(A)$ ist und $\bar{X}$ als $\bar{A}$-Schema betrachtet wird. Man nennt das A-Schema eine <u>Deformation</u> des $\bar{A}$-Schema $\bar{X}$ und das $\bar{A}$-Schema $\bar{X}$ die <u>Spezialisierung</u> von X modulo J.

<u>Bemerkung:</u> Das Einführen von nilpotenten Elementen in die Strukturgarbe ist in der algebraischen Geometrie ein Ersatz für die in der Differentialgeometrie bekannte Technik, Gegebenheiten in eine offene Umgebung auszudehnen. Bei Mumford [23], S. 209 ff, ist diese Idee durch Beispiele erläutert. Man beachte, dass die Schemata $\mathrm{Spec}(A)$ und $\mathrm{Spec}(\bar{A})$ denselben Träger haben.

Ist nun wieder (R,m) ein Bewertungsring vom Rang 1 mit algebraisch abgeschlossenem Restklassenkörper k, so sind die Ringe R/m^i, $\forall\, i \geq 1$ lokale Artinringe mit Restklassenkörper k, welche für $i \longrightarrow \infty$ den Ring R approximieren (im Sinne der formalen Geometrie).

Das R-Schema X/R induziert dann Schemata $X^{(i)} = X \times \mathrm{Spec}(R/m^i)$ über den Ringen R/m^i derart, dass X^i eine Deformation von $X^{i-\nu}$ für $\nu = 1,2,\dots,i-1$ ist.

Man hat also das folgende kommutative Diagramm

$$\begin{array}{ccccccccccc}
X & \longleftarrow & \cdots & \longleftarrow & X^{(i)} & \longleftarrow & X^{i-1} & \longleftarrow & \cdots & \longleftarrow & X_1 = \bar{X} \\
\downarrow & & & & \downarrow & & \downarrow & & & & \downarrow \\
\mathrm{Spec}(R) & \longleftarrow & \cdots & \longleftarrow & \mathrm{Spec}(R/m^i) & \longleftarrow & \mathrm{Spec}(R/m^{i-1}) & \longleftarrow & \cdots & \longleftarrow & \mathrm{Spec}(k)
\end{array}$$

Es sei nun $\bar{f}' : \bar{X}' \longrightarrow \bar{X}$ eine irreduzible, etale Überlagerung von $\bar{X}$. Dann gilt nach Grothendieck [19,III], S.156 ff (vgl. auch [24], S.156), es gibt etale Überlagerungen $X'^i \xrightarrow{f'_i} X^i$, welche Deformationen der Überlagerung $\bar{X}' \xrightarrow{\bar{f}'} \bar{X}$ sind, so dass die Überlagerung $X'^i \xrightarrow{f'_i} X^i$ auch Deformation der Überlagerung $X'^j \xrightarrow{f'_j} X^j$ ist, für $j < i$.

Das ergibt das kommutative Diagramm

$$\begin{array}{ccccccccc}
 & \longleftarrow & \cdots & \longleftarrow & X'^{i} & \longleftarrow & X'^{i-1} & \longleftarrow \cdots \longleftarrow & \bar{X}' \\
 & & & & \downarrow & & \downarrow & & \downarrow \\
X & \longleftarrow & \cdots & \longleftarrow & X^{i} & \longleftarrow & X^{i-1} & \longleftarrow \cdots \longleftarrow & \bar{X} \\
\downarrow & & & & \downarrow & & \downarrow & & \downarrow \\
\mathrm{Spec}(R) & \longleftarrow & \cdots & \longleftarrow & \mathrm{Spec}(R/m^{i}) & \longleftarrow & \mathrm{Spec}(R/m^{i-1}) & \longleftarrow \cdots \longleftarrow & \mathrm{Spec}(k) .
\end{array}$$

Es sei X'/R das durch die Folge $X'^i \xrightarrow{f'_i} \mathrm{Spec}(R/m)$ definierte, formale Schema über R. Da X über R eigentlich (proper) ist, kann das formale Schema X'/R algebraisiert werden (vgl. [19], III, 5.44). Man erhält also ein irreduzibles R-Schema X' und einen eindeutig bestimmten Morphismus $f':X' \longrightarrow X$, welcher die f'^i induziert. Dass $f':X' \longrightarrow X$ flach ist, folgt sofort aus der Tatsache, dass die f'^i flach sind. (Vgl. Bourbaki [63], 5.) Man hat natürlich noch zu zeigen, dass $f':X' \longrightarrow X$ unverzweigt ist. Wir führen auch das hier nicht durch und verweisen wieder auf die schon angegebenen Arbeiten von Grothendieck [17] und auf [24].

In der Sprache der Fundamentalgruppen formuliert sich Satz (9.8) wie folgt:

<u>(9.10) Satz:</u> Die Gruppen $\pi_1(X/R)$ und $\pi_1(X/k)$ sind isomorph, wobei der Isomorphismus durch $\phi : X' \mapsto X' \times \mathrm{Spec}(k)$ definiert wird, X' eine irreduzible, etale Überlagerung von X/R.

Aus Satz (9.8) folgt sofort:

<u>(9.11) Korollar:</u> (Hochheben von etalen Überlagerungen) Die Bezeichnungen und Voraussetzungen sind wie in Satz (9.8). Dann gilt: Ist X_1/K die allgemeine Faser von X/R und $X'_o \xrightarrow{f'_o} X_o$ eine irreduzible, galoissche, etale Überlagerung von X_o/k, so gibt es eine irreduzible, galoissche, etale Überlagerung $X'_1 \xrightarrow{f'_1} X_1$, welche auf $X'_o \xrightarrow{f'_o} X_o$ über R spezialisiert.

<u>Beweis:</u> Man hat nur die eindeutig bestimmte Überlagerung $X' \xrightarrow{f'} X$ zu nehmen, welche $X'_o \xrightarrow{f'_o} X_o$ als Faser hat. $X'_1 = X' \times \mathrm{Spec}(K)$, die allgemeine Faser von X', tut dann das Gewünschte.

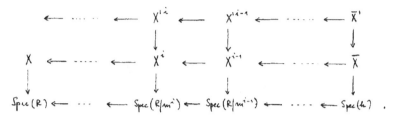

Zehnte Vorlesung

ZURÜCK ZU KURVEN. HOCHHEBEN VON KURVEN NACH CHARAKTERISTIK 0 UNTER ERHALTUNG DES GESCHLECHTS.

Die folgende Vorlesung stützt sich auf [26]. Andere Möglichkeiten die Ergebnisse zu erhalten sind in [17] und [15] angegeben.

Es sei k ein algebraisch abgeschlossener Körper der Charakteristik $p > 0$. Γ_0/k sei eine irreduzible, reguläre und projektive Kurve über dem Körper k vom Geschlecht g. Es sei (R,m) ein diskreter, kompletter Bewertungsring vom Rang 1 der Charakteristik 0 mit k als Restklassenkörper. (Man nehme z.B. für R den Ring der Wittvektoren über k.) Dann gilt:

(10.1) Satz: Es gibt ein R-Schema Γ/R, welches über R eigentlich (proper) und glatt (smooth) ist, sodass die Fasern von Γ/R irreduzible (und reguläre) Kurven vom Geschlecht g sind und die abgeschlossene Faser $\Gamma \times \mathrm{Spec}(k)$ zu Γ_0/k isomorph ist.

(10.2) Bemerkung: Ein R-Schema Γ/R, welches über R eigentlich und glatt ist und dessen Fasern (absolute) irreduzible Kurven vom Geschlecht g sind, nennt man in der Literatur eine irreduzible, reguläre Kurve vom Geschlecht g über R. Eine solche Kurve ist sogar projektiv über R, vgl. [68], S.385. Ist K der Quotientenkörper von R und $\Gamma_1 = \Gamma \times \mathrm{Spec}(K)$ die allgemeine Faser von Γ/R, so nennt man die abgeschlossene Faser $\Gamma \times \mathrm{Spec}(k)$ von Γ/R eine Reduktion von Γ_1 über R. (Vgl. Mumford [23],S.249 ff.) Da die Geschlechter von $\Gamma \times \mathrm{Spec}(k)$ und Γ_1 übereinstimmen, nennt man die Reduktion auch regulär. Satz (10.1) besagt dann gerade, dass man jede irreduzible, projektive und reguläre Kurve vom Geschlecht g über einem algebraisch abgeschlossenen Körper der Charakteristik $p > 0$ als Reduktion einer irreduziblen, projektiven und regulären Kurve der Charakteristik 0 ebenfalls vom Geschlecht g erhalten kann. (Im allgemeinen treten bei Reduktion regulärer Kurven Singularitäten auf, was zur Folge hat, dass sich das Geschlecht der Kurve erniedrigt.)

Der Beweis von Satz (10.1) wird auf das Hochheben von ebenen Kurven mit nur Knoten als Singularitäten von Charakteristik $p > 0$ nach Charakteristik 0 zurückgeführt. Ist Γ_0/k eine irreduzible, reguläre, projektive Kurve, eingebettet in den P^m/k, so ist das Bild von Γ_0/k bei einer allgemeinen Projektion des P^m/k auf einen P^2/k (das Zentrum der Projektion ist ein projektiver Teilraum des P^m/k der Dimension m-3) eine ebene Kurve $\sum_0$ vom geometrischen Geschlecht g. (Die Projektion, eingeschränkt auf Γ_0/k, ist also eine birationale Abbildung auf $\sum_0$.) Ist n der Grad von Γ_0/k, Γ_0/k, aufgefasst als Teilmannigfaltigkeit von P^m/k, so ist der Grad von $\sum_0$ als Kurve in P^2/k ebenfalls n. $\sum_0/k$ ist im allgemeinen jedoch singulär, allerdings nur mit Knoten als Singularitäten, und die Anzahl d der Knoten von berechnet sich durch die Gleichung

$$d = \frac{(n-1)(n-2)}{2} - g.$$

Vgl. wegen eines Beweises dieser wohlbekannten Dinge z.B. Samuel [33]. Wir betrachten nun an Stelle von Γ_0/k die dazu birational äquivalente, ebene Kurve $\sum_0/k$ und beweisen den folgenden Satz:

<u>(10.3) Satz:</u> Ist R ein diskreter und kompletter Bewertungsring vom Rang 1 und Charakteristik 0 mit k als Restklassenkörper und Quotientenkörper K, so gibt es eine ebene, irreduzible, projektive Kurve $\sum/R$ vom Grad n, also ein irreduzibles, abgeschlossenes Teilschema von P^2/R vom Grad n, so dass gilt:

1. Die abgeschlossene Faser $\sum \times \mathrm{Spec}(k)$ von $\sum/R$ (das ist eine ebene Kurve über k vom Grad n) ist die Kurve $\sum_0/k$; $\sum \times \mathrm{Spec}(k)$ hat also d = Knoten.
2. Die allgemeine Faser $\sum \times \mathrm{Spec}(K)$ hat ebenfalls $d = \frac{(n-1)(n-2)}{2} - g$ Knoten als Singularitäten, welche über R zu den Knoten von $\sum_0$ spezialisieren. Insbesondere hat dann $\sum \times \mathrm{Spec}(K)$ dasselbe geometrische Geschlecht wie $\sum \times \mathrm{Spec}(k)$.

Aus Satz (10.3) wird sich Satz (10.1) sofort durch Normalisierung ergeben. Zum Beweis von Satz (10.3) haben wir etwas weiter auszuholen. Wir benötigen einige

Betrachtungen über die Mannigfaltigkeiten der ebenen Knotenkurven.

Es sei k ein algebraisch abgeschlossener Körper beliebiger Charakteristik. Σ/k sei eine ebene, projektive Kurve vom Grad n, $S_d = (Q_1,\ldots,Q_d)$ ein System von d Punkten der projektiven Ebene P^2/k. P^N/k sei der Raum der Koeffizienten der ebenen, projektiven Kurven vom Grad n, es ist also $N = \frac{n(n+3)}{2}$. (Ist $f(X,Y,Z)$ die Form vom Grad n mit Koeffizienten in k, welche die Kurve Σ/k definiert, so hat $f(X,Y,Z)$ N+1 Koeffizienten, welche die Koordinaten des zu Σ/k gehörigen Punktes von P^N/k sind.)

Ein Paar (S_d,Σ), $S_d = (Q_1,\ldots,Q_d)$ ein d-Tupel von Punkten der Ebene P^2, Σ eine ebene Kurve über k, kann als Punkt des (d+1)-fach projektiven Raumes

$$P^{\pi} = P^2 \times \ldots \times P^2 \times P^N$$

aufgefasst werden indem man Q_1 als Punkt des ersten Faktors von P^{π} auffasst, Q_2 als Punkt des zweiten Faktors von P^{π} und schliesslich Σ als Punkt von P^N in der oben angegebenen Weise.

X_ν, Y_ν, Z_ν seien die Koordinaten des ν-ten Faktors von P^{π} für $\nu = 1,\ldots,d$.

$A_{\alpha,\beta,\gamma}$ die Koordinaten von P^N,

Es sei

$$F_\nu = \sum_{(\alpha,\beta,\gamma)} A_{\alpha,\beta,\gamma} X_\nu^\alpha Y_\nu^\beta Z_\nu^\gamma .$$

Dann sind F_ν Formen aus dem (d+1)-fach homogenen Koordinatenring von P^{π}. Wir betrachten die folgenden 3d zu P^{π} gehörigen Formen

$$(1) \qquad F_\nu , \quad \frac{\partial F_\nu}{\partial X_\nu} , \quad \frac{\partial F_\nu}{\partial Y_\nu} , \quad \nu = 1,\ldots,d .$$

($\frac{\partial F_\nu}{\partial X_\nu}$ bzw. $\frac{\partial F_\nu}{\partial Y_\nu}$ bedeutet die Differentiation nach X_ν bzw. Y_ν .)

$W_{n,d}$ sei die durch das Gleichungssystem (1) definierte, abgeschlossene Teilmannigfaltigkeit von P^{π}/k. Es gilt, wie man sich sofort überlegt: Ein Punkt (S_d,Σ) von P^{π} liegt genau dann in $W_{n,d}$, wenn die Punkte $Q_\nu \in S_d$ singuläre Punkte von Σ sind. Der folgende Satz wird benötigt:

(10.4) Satz: Ist $\sum/k$ eine Kurve mit d verschiedenen Knoten $Q_1,\dots,Q_d$ als Singularitäten (und sonst keinen Singularitäten), so ist (S_d,Σ) ein regulärer Punkt von $W_{n,d}$. (Es ist natürlich $S_d = (Q_1,\dots,Q_d)$.)

Beweis: Es genügt zu zeigen, die Tangentialhyperebenen an die 3d Hyperflächen (1) im Punkte (S_d,Σ) sind linear unabhängig. Wir führen den Beweis davon im Affinen und gehen deshalb im Raum P^{π} zu affinen Koordinaten über, indem wir im ν-ten Faktor ($\nu \leq d$) von P^{π} $x_\nu = \frac{X_\nu}{Z_\nu}$, $y_\nu = \frac{Y_\nu}{Z_\nu}$ als affine Koordinaten und im Faktor P^N von P^{π} $\frac{A_{\alpha,\beta,\gamma}}{A_{\alpha_0,\beta_0,\gamma_0}}$ als affine Koordinaten wählen. Aus $W_{n,d}$ entsteht eine affine Mannigfaltigkeit $\widetilde{W}_{n,d}$. Wir nehmen an, dass der Übergang zu affinen Koordinaten so vollzogen ist, dass der Punkt (S_d,Σ) in $\widetilde{W}_{n,d}$ liegt. (Man hat unter Umständen in den einzelnen Faktoren P^2 von P^{π} das projektive Koordinatensystem zu ändern.)
Wir führen die folgenden Bezeichnungen ein. Beim obigen Übergang vom Projektiven zum Affinen entstehende affine Gebilde werden mit der Tilde versehen.
Das beim Übergang zum Affinen aus (1) entstehende System von Polynomen sei

$$(2) \qquad f_\nu(x_\nu,y_\nu) \;,\quad \frac{\partial f_\nu}{\partial x_\nu}(x_\nu,y_\nu) \;,\quad \frac{\partial f_\nu}{\partial y_\nu}(x_\nu,y_\nu)$$

f^0 sei ein die Kurve $\widetilde{\Sigma}/k$ definierendes Polynom minimalen Grades und (x_ν^0,y_ν^0) $\nu = 1,\dots,d$ seien die Koordinaten der Knoten von $\sum/k$. (Beachte, die Knoten liegen nach Wahl der affinen Koordinaten im Endlichen.)
$(\widetilde{S}_d,\widetilde{\Sigma})$ sei der zu (S_d,Σ) gehörige affine Punkt. Dann haben wir zu zeigen, dass die Tangentialhyperebenen im Punkte $(\widetilde{S}_d,\widetilde{\Sigma})$ an die 3d Hyperflächen (2) linear unabhängig sind. Zunächst ist

$$f^0(x_\nu^0,y_\nu^0) = \frac{\partial f^0}{\partial x_\nu}(x_\nu^0,y_\nu^0) = \frac{\partial f^0}{\partial y_\nu}(x_\nu^0,y_\nu^0) = 0 \;,$$

denn die Punkte $\widetilde{Q}_\nu \in \widetilde{S}_d$ sind singulär auf $\widetilde{\Sigma}$.

Wir betrachten die Tangentialrichtungen an die Hyperflächen (2) im Punkt $(\widetilde{S}_d,\widetilde{\Sigma})$ und zeigen: Die Menge dieser Tangentialrichtungen ist ein linearer Raum der Dimension N-d. Dazu sei (dx_ν, dy_ν, df) eine Tangentialrichtung an die Hyperflächen (2) im Punkt $(\widetilde{S}_d, \widetilde{\Sigma})$.

Dann gilt:

$$
(3)\quad
\begin{aligned}
&\frac{\partial f^\circ}{\partial x_\nu}(x_\nu^\circ, y_\nu^\circ)\,dx_\nu + \frac{\partial f^\circ}{\partial y_\nu}(x_\nu^\circ, y_\nu^\circ)\,dy_\nu + df(x_\nu^\circ, y_\nu^\circ) = 0\\
&\frac{\partial^2 f^\circ}{\partial x_\nu^2}(x_\nu^\circ, y_\nu^\circ)\,dx_\nu + \frac{\partial^2 f^\circ}{\partial x_\nu \partial y_\nu}(x_\nu^\circ, y_\nu^\circ)\,dy_\nu + \frac{\partial}{\partial x_\nu} df(x_\nu^\circ, y_\nu^\circ) = 0\\
&\frac{\partial^2 f^\circ}{\partial y_\nu \partial x_\nu}(x_\nu^\circ, y_\nu^\circ)\,dx_\nu + \frac{\partial^2 f^\circ}{\partial y_\nu^2}(x_\nu^\circ, y_\nu^\circ)\,dy_\nu + \frac{\partial}{\partial y_\nu} df(x_\nu^\circ, y_\nu^\circ) = 0
\end{aligned}
$$

und es genügt zu zeigen, dass die linearen Gleichungen (3) für die dx_ν, dy_ν und die Koeffizienten von df untereinander linear unabhängig sind. Da $(x_\nu^\circ, y_\nu^\circ)$ ein Knoten ist, gilt

$$\frac{\partial^2 f_0}{\partial x_\nu^2}(x_\nu^\circ, y_\nu^\circ)\cdot\frac{\partial^2 f^\circ}{\partial y_\nu^2}(x_\nu^\circ, y_\nu^\circ) - \left(\frac{\partial^2 f^\circ}{\partial x_\nu \partial y_\nu}(x_\nu^\circ, y_\nu^\circ)\right)^2 \neq 0 .$$

Also kann man aus den letzten beiden Gleichungen von (3) die Differentiale dx_ν und dy_ν berechnen. Wir setzen jetzt df = h. Dann ergibt sich aus (3) wegen (2)

$$(4)\qquad h(x_\nu^\circ, y_\nu^\circ) = 0 \qquad \nu = 1, \dots, d,$$

d.h. die Kurve h ist zur Kurve f^0 adjungiert und wir haben zu zeigen, dass die Adjungiertheitsbedingungen (4) für die Koeffizienten von h linear unabhängig sind. Das ist aber bekannt und findet sich in jedem älteren Buch über ebene Kurven. Ein Beweis ist auch in [26], S.518, angegeben.

Nun zum Beweis von Satz (10.3):

Das Gleichungssystem (2) hat Koeffizienten in $\mathbb{Z}$. Wir können deshalb (2) auch als Gleichungssystem mit Koeffizienten in dem Bewertungsring R auffassen. Dann definiert (2) ein abgeschlossenes Teilschema in dem affinen Raum $\widehat{P^{\pi}}/R$, welches wir mit $\widetilde{W}_{n,d}/R$ bezeichnen. Die abgeschlossene Faser $\widetilde{W}_{n,d} \times \mathrm{Spec}(k)$ ist dann in der Mannigfaltigkeit $\widetilde{W}_{n,d}/k$ enthalten. Wir nehmen wieder an, dass die Knotenkurve Σ_0/k im Unendlichen (bezüglich des gewählten affinen Koordinatensystems in P^{π})

keine Singularitäten hat. $(\widetilde{S}_d^\circ,\widetilde{\Sigma}_\circ)$ sei der zu $\Sigma_\circ/k$ gehörige Punkt von $\widetilde{W}_{n,d}/k$. Es gilt dann den k-wertigen Punkt $(\widetilde{S}_d^\circ,\widetilde{\Sigma}_\circ)$ von $\widetilde{W}_{n,d}/k$ zu einem R-wertigen Punkt von $\widetilde{W}_{n,d}/R$ hochzuheben. Das geschieht mit Hilfe des folgenden Lemma, dessen Beweis man z.B. bei Mumford [23], S.350, findet.

Henselsches Lemma: Sei R ein noetherscher, kompletter, lokaler Ring mit maximalem Ideal m. K sei der Quotientenkörper von R und k der Restklassenkörper. Ist f ein Polynom aus $R[X_1,\ldots,X_n]$, so wird mit $\bar{f}$ das Polynom aus $k[X_1,\ldots,X_n]$ bezeichnet, welches man aus f erhält, wenn man die Koeffizienten von f modulo m reduziert. Es seien $f_1,\ldots,f_n \in R[X_1,\ldots,X_n]$ und $a_1,\ldots,a_n \in k$, so dass

$$\det\left(\frac{\partial \bar{f}_i}{\partial x_j}\right)(a_1,\ldots,a_n) \neq 0 \text{ ist.}$$

Dann gibt es Elemente $\alpha_1,\ldots,\alpha_n \in R$, so dass gilt:

$$f_1(\alpha_1,\ldots,\alpha_n) = \cdots = f_n(\alpha_1,\ldots,\alpha_n) = 0 \text{ und } \bar{\alpha}_i = \alpha_i \text{ (modulo m)} = a_i,\ i=1,\ldots,n.$$

Um dieses Lemma auf die Mannigfaltigkeit $\widetilde{W}_{n,d}/R$ und den Punkt $(\widetilde{S}_d^\circ,\widetilde{\Sigma}_\circ)$ von $\widetilde{W}_{n,d}/k$ anwenden zu können, wählen wir N-d Polynome $g_1,\ldots,g_{N-d}$ in dem Polynomring von $\widetilde{P^\pi}/R$, so dass für das System von Polynomen $f_\nu, \frac{\partial f_\nu}{\partial x_\nu}, \frac{\partial f_\nu}{\partial y_\nu}, g_1,\ldots,g_{N-d}, \nu=1,\ldots,d$ und dem Punkt $(\widetilde{S}_d^\circ,\widetilde{\Sigma}_\circ)$ die Voraussetzungen des Henselschen Lemmas erfüllt sind. Das ist immer möglich, da die Tangentialhyperebenen an die Hyperflächen f_ν, $\frac{\partial f_\nu}{\partial x_\nu}, \frac{\partial f_\nu}{\partial y_\nu}, \nu=1,\ldots,d$, linear unabhängig sind.

Es gibt dann einen R-wertigen Punkt $(\widetilde{S}_d,\widetilde{\Sigma}) = ((\widetilde{Q}_1,\ldots,\widetilde{Q}_d),\widetilde{\Sigma})$, welcher auf der Mannigfaltigkeit $\widetilde{W}_{n,d}/R$ liegt und welcher über R nach $(\widetilde{S}_d^\circ,\widetilde{\Sigma}_\circ)$ spezialisiert. $\widetilde{\Sigma}$ ist daher eine affine Kurve, welche in den R-wertigen Punkten $\widetilde{Q}_1,\ldots,\widetilde{Q}_d$ singulär ist. Da die Punkte $\widetilde{Q}_\nu$ modulo m paarweise verschieden sind folgt, dass auch die Punkte $\widetilde{Q}_\nu$ paarweise verschieden sind. Die Kurve $\widetilde{\Sigma}$ hat also in der allgemeinen Faser mindestens d verschiedene singuläre Punkte, nämlich $\widetilde{Q}_i$. Da die abgeschlossene Faser $\widetilde{\Sigma}_\circ/k$ von $\widetilde{\Sigma}/R$ in den Punkten $\widetilde{Q}_i \times \mathrm{Spec}(k)$ Knoten als Singularitäten hat folgt, die Punkte $\widetilde{Q}_i$ von $\widetilde{\Sigma}/R$ sind ebenfalls gewöhnliche Doppelpunkte, also Knoten.

Insbesondere sind die Punkte $\tilde{Q}_1$ der allgemeinen Faser $\tilde{\Sigma} \times \mathrm{Spec}(K)$ Knoten.

Ist Σ/R der projektive Abschluss der affinen Kurve $\tilde{\Sigma}/R$ in P^2/R, so erfüllt Σ/R die Forderung von Satz (10.4), denn Σ/R ist im Unendlichen regulär, da nämlich die abgeschlossene Faser $\Sigma \times \mathrm{Spec}(k)$ diese Eigenschaften hat. Das beweist den Satz (10.3).

Der Beweis von Satz (10.1) ergibt sich daraus durch Normalisierung der Kurve Σ/R wie folgt: Ist Γ/R die Normalisierung von Σ/R (im Funktionenkörper $F(\Sigma)$ von Σ/R), so ist Γ ein irreduzibles, eigentliches (proper) R-Schema, welches nach Mumford [23], S.426, trivialerweise über R flach ist. Wir zeigen als nächstes, Γ/R hat reguläre Fasern. Klar ist, dass die allgemeine Faser von Γ/R regulär ist, denn diese ist ein K-Schema der Dimension 1, welches normal ist. Weiter ist klar, dass etwaige Singularitäten der abgeschlossenen Faser höchstens über den Knoten von Σ/R liegen. Ist nun Q ein singulärer R-wertiger Punkt von $\Sigma/R \subset P^2/R$, so kann man ein affines Koordinatensystem X,Y in P^2/R wählen und damit eine affine Ebene A^2/R, so dass Q der Nullpunkt dieses Koordinatensystems ist und derart, dass die Tangenten der Fasern von Σ/R im Knoten Q verschieden von der X und der Y-Achse sind. $R[x,y]$ sei der affine Koordinatenring des affinen Teils von Σ/R, welcher in A^2/R liegt. Dann gibt es eine offene, affine Umgebung $U = \mathrm{Spec}(S)$ des Punktes Q auf Σ/R (der Ring S enthält den Ring $R[x,y]$) derart, dass der ganze Abschluss von S gleich dem Ring $S[\frac{x}{y}]$ ist. (Man hat S so zu wählen, dass Spec(S) ausser Q keine singulären Punkte von Σ/R enthält und die Fasern von Spec(S) ausser dem Nullpunkt Q von A^2/R keinen Punkt, welcher auf $Y = 0$ liegt.)

Um einzusehen, dass $S[\frac{x}{y}]$ ganz abgeschlossen ist, hat man natürlich zu benutzen, dass Q ein Knoten von Σ/R ist. (Beachte, $\mathrm{Spec}(S[\frac{x}{y}])$ ist das eigentliche Bild von Spec(S) bei der monoidalen Transformation von P^2/R entlang des R-wertigen Punktes Q. Bekanntlich beseitigt diese Transformation die Singularität im

Knoten Q.)

Ist $m \cdot S[\frac{X}{Y}] = M$ das von dem maximalen Ideal m von R erzeugte Ideal in $S[\frac{X}{Y}]$, so ist $S[\frac{X}{Y}]/M$ der Koordinatenring eines affinen, offenen Teils der abgeschlossenen Faser von $\sum/R$. Offensichtlich ist $S[\frac{X}{Y}]/M = (S/m\cdot S)[\frac{X}{Y}]$. Setzt man $U^o = \mathrm{Spec}(S[\frac{X}{Y}]/M)$, so ist der Punkt $Q \times \mathrm{Spec}(k) = Q^o$ in U^o enthalten. Nach Wahl von U^o gilt nun:

Ausser Q^o ist keiner der singulären Punkte von $\sum_o/k$ in U^o enthalten; weiter enthält U^o ausser Q^o keinen Punkt von $\sum_o/k$, welcher auf der y-Achse liegt. Da nach Voraussetzung Q^o ein Knoten von $\sum_o/k$ ist, folgt daraus wieder: Der Ring $S[\frac{X}{Y}]/M$ ist ganz abgeschlossen. Das zeigt, dass die abgeschlossene Faser $\Gamma \times \mathrm{Spec}(k)$ von Γ/R regulär ist. Zusammengefasst ergibt sich daraus: Γ/R ist ein glattes (smooth) R-Schema, welches irreduzibel und eigentlich über R ist mit irreduziblen Kurven mit gleichem Geschlecht als Fasern. Da über einem algebraisch abgeschlossenen Körper k zwei reguläre Kurven, welche birational isomorph sind auch biregulär isomorph sind, folgt, wenn man die Konstruktion von Γ/R betrachtet: Die abgeschlossene Faser $\Gamma \times \mathrm{Spec}(k)$ von Γ/R ist zu der Kurve Γ_o/k biregulär isomorph. Das beweist Satz (10.1).

Elfte Vorlesung

DIE STRUKTUR DES p-PRIMEN TEILS DER FUNDAMENTALGRUPPE EINER IRREDUZIBLEN, PROJEKTIVEN UND REGULÄREN KURVE VOM GESCHLECHT g IN CHARAKTERISTIK $p > 0$.

Im Hinblick auf Vorlesung zwölf betrachten wir zuerst etwas allgemeiner projektive Kurven, welche in n Punkten punktiert sind.

Es sei k ein algebraisch abgeschlossener Körper der Charakteristik $p \geq 0$. Γ/k sei eine irreduzible, projektive und reguläre Kurve vom Geschlecht $g \geq 0$.
$P_1,\dots,P_n$ seien n verschiedene k-wertige Punkte von Γ/k. Das quasiprojektive k-Schema $\Gamma-\{P_1,\dots,P_n\}$ nennen wir dann eine in n Punkten punktierte Kurve vom Geschlecht g.
Es interessiert die Struktur der Gruppe $\pi_1(\Gamma-\{P_1,\dots,P_n\})$.
Wir beweisen zuerst:

(11.1) Satz: Ist Charakteristik k = 0, so besitzt $\pi_1(\Gamma-\{P_1,\dots,P_n\})$ als profinite Gruppe 2g+n Erzeugende $s_1,t_1,\dots,s_g,t_g,u_1,\dots,u_n$ mit der einzigen Relation

$$s_1t_1s_1^{-1}t_1^{-1}\cdot \ \dots\ \cdot s_gt_gs_g^{-1}t_g^{-1}\ u_1\cdot\dots\cdot u_n = 1.$$

Wenn k der komplexe Zahlkörper ist, kennt man dieses Ergebnis aus der Topologie. (Vgl. Vorlesung acht.) Für einen beliebigen Körper k der Charakteristik 0 wollen wir es auf den komplexen Fall zurückführen. Dazu benötigen wir das folgende Lemma:

(11.2) Lemma: k und K seien algebraisch abgeschlossene Körper der Charakteristik $p \geq 0$, so dass $k \subseteq K$ gilt. Γ/k sei eine irreduzible, projektive und reguläre Kurve über k. $P_1,\dots,P_n$ seien n verschiedene k-wertige Punkte von Γ/k. $\Gamma/K = \Gamma \times \mathrm{Spec}(K)$ sei die Konstantenerweiterung von Γ/k mit dem Körper K. Dann gilt: Die Gruppen $\pi_1^{(p)}(\Gamma/k-\{P_1,\dots,P_n\})$ und $\pi_1^{(p)}(\Gamma/K-\{P_1,\dots,P_n\})$ sind kanonisch isomorph.

<u>Beweis:</u> Wir zeigen, die Kategorien der etalen, irreduziblen und galoisschen Überlagerungen von $\Gamma/k-\{P_1,\ldots,P_n\}$ und $\Gamma/K-\{P_1,\ldots,P_n\}$ von einem Grad prim zu p sind äquivalent. Dazu sei $\Gamma'/k \in \mathcal{E}t^{(p)}(\Gamma/k-\{P_\nu\})$ eine irreduzible Überlagerung vom Grade m. Die Konstantenerweiterung $\Gamma' \times \mathrm{Spec}(K)$ ist dann nach einfachen Eigenschaften des Tensorprodukts (vgl. [59,I] oder [11], S.90) eine irreduzible, galoissche und normale Überlagerung von Γ/K, ebenfalls vom Grad m, welche höchstens in den Punkten P_i verzweigt. $\Gamma' \times \mathrm{Spec}(K)$ ist daher aus $\mathcal{E}t^{(p)}(\Gamma/K-\{P_1,\ldots,P_n\})$.
Man sieht, die Zuordnung

$$\phi : \Gamma'/k \longrightarrow \Gamma' \times \mathrm{Spec}(K)$$

ist ein injektiver Morphismus von $\mathcal{E}t^{(p)}(\Gamma/k-\{P_1,\ldots,P_n\})$ in die Kategorie $\mathcal{E}t^{(p)}(\Gamma/K-\{P_1,\ldots,P_n\})$.
Wir haben zu zeigen, dass dieser Morphismus surjektiv ist. Es sei dazu Γ^*/K eine galoissche Überlagerung Γ/K vom Grade m prim zu p, welche höchstens in den Punkten P_i verzweigt. Es gilt eine galoissche Überlagerung $\Gamma'/k \longrightarrow \Gamma/k$ zu konstruieren, so dass Γ^*/K die Konstantenerweiterung von Γ'/k mit K ist. Um Γ'/k zu finden wählen wir zunächst ein Element t des Funktionenkörpers $k(\Gamma)$ von Γ/k, welches Ortsuniformisierende für die Punkte $P_1,\ldots,P_n$ ist. (Benutze den Riemann-Rochschen Satz für die Konstruktion.) Wir betrachten die Körpererweiterung $F = k(\Gamma)(\sqrt[m]{t})$ von $k(\Gamma)$. Σ/k sei die Normalisierung von Γ/k in F, dies ist eine Überlagerung von Γ/k, welche in den Punkten P_i voll verzweigt. Die Konstantenerweiterung $\Sigma/K = \Sigma \otimes_k K$ von Σ/k mit K ist dann eine irreduzible, normale Überlagerung von Γ/K, ebenfalls vom Grade m, in welcher die Punkte P_i voll verzweigt sind. Nun sei $\hat{\Gamma}/K = \Gamma^*\cdot\Sigma/K$ das Kompositum von Γ^*/K und Σ/K. ($\Gamma^*\cdot\Sigma/K$ ist die Normalisierung von Γ/K im Kompositum der Funktionenkörper $K(\Sigma)$ und $K(\Gamma^*)$.)
Mit Hilfe von $\hat{\Gamma}/K$ konstruieren wir die gewünschte Überlagerung Γ'/k von Γ/k wie folgt: Wir betrachten $\hat{\Gamma}/K$ als irreduzible, normale (und galoissche)

Überlagerung von Σ, $g : \hat{\Gamma} \to \Sigma$ sei die Überlagerungsabbildung. Nach dem Lemma von Abhyankar (vgl. Vorlesung zwei) ist $g: \hat{\Gamma}/K \to \Sigma/K$ unverzweigt. Beachtet man, dass Σ/K schon über k definiert ist, so ergibt sich nach Satz (9.7), dass auch $\hat{\Gamma}/K$ über k definiert ist. Es gibt also eine unverzweigte und galoissche Überlagerung $\hat{\Gamma}'/k$ von Σ/k, so dass die Konstantenerweiterung $\hat{\Gamma}' \times \mathrm{Spec}(K)$ gerade $\hat{\Gamma}/K$ ist.

$\hat{\Gamma}'/k$ kann auch als Überlagerung von Γ/k aufgefasst werden (beachte, man hat das Überlagerungsdiagramm $\hat{\Gamma}'/k \to \Sigma/k \to \Gamma/k$). Da $\hat{\Gamma}/K \to \Gamma/K$ eine galoissche Überlagerung ist, folgt, dass auch die Überlagerung $\hat{\Gamma}'/k \to \Gamma/k$ galoissch ist. Weiter sind die Galoisgruppen dieser Überlagerungen isomorph. Es sei nun H diejenige Untergruppe der Galoisgruppe von $\hat{\Gamma}/K \to \Gamma/K$, welche Γ^*/K als Quotient besitzt und Γ'/k sei der Quotient von H, nun aber H aufgefasst als Automorphismengruppe von $\hat{\Gamma}'/k$. Dann ist Γ'/k eine Überlagerung von Γ/k, deren Konstantenerweiterung mit K gerade Γ^*/K ist und welche höchstens in den Punkten P_i verzweigt. Das beweist das Lemma.

<u>(11.3) Bemerkung:</u> Ist Charakteristik k = 0, so sind unter den Voraussetzungen des Lemma (11.2) die Fundamentalgruppen $\pi_1(\Gamma/k - \{P_1,\ldots,P_n\})$ und $\pi_1(\Gamma/K - \{P_1,\ldots,P_n\})$ in kanonischer Weise isomorph. Das ist nicht mehr richtig in Charakteristik $p > 0$. Dort hängen z.B. die verzweigten Erweiterungen vom Grad p^n vom Grundkörper ab.

<u>Nun zum Beweis von Satz (11.1):</u>

Es sei k_o ein Teilkörper von k von endlichem Transzendenzgrad über dem rationalen Zahlkörper $\mathbb{Q}$, algebraisch abgeschlossen mit folgenden Eigenschaften: Die Kurve Γ/k ist über k_o definiert und die Punkte P_i von Γ/k sind k_o-wertig. Einen solchen Körper gibt es immer. Γ/k kann dann als Kurve Γ/k_o über k_o aufgefasst werden. Nach Lemma (11.2) und Bemerkung (11.3) gilt: $\pi_1(\Gamma/k - \{P_1,\ldots,P_n\}) \xrightarrow{\sim}$ $\pi_1(\Gamma/k_o - \{P_1,\ldots,P_n\})$. Der Körper k_o ist in den komplexen Zahlkörper $\mathbb{C}$ einbettbar. Wir fixieren im folgenden eine solche Einbettung. Dann ist

$\Gamma/k_o \times \mathrm{Spec}(\mathbb{C}) = \Gamma/\mathbb{C}$ eine Kurve über dem komplexen Zahlkörper und die Punkte P_i werden zu $\mathbb{C}$-wertigen Punkten von $\Gamma/\mathbb{C}$.

Nach Lemma (11.2) gilt wieder:

$$\pi_1(\Gamma/\mathbb{C} - \{P_1,\ldots,P_n\}) \xrightarrow{\sim} \pi_1(\Gamma/k_o) - \{P_1,\ldots,P_n\})$$

und daher auch

$$\pi_1(\Gamma/\mathbb{C} - \{P_1,\ldots,P_n\}) \xrightarrow{\sim} \pi_1(\Gamma/k - \{P_1,\ldots,P_n\}).$$

Das beweist zusammen mit den Ausführungen in Vorlesung acht den Satz (11.1).

Nun zu Kurven über Körpern der Charakteristik $p > 0$.

Es sei im folgenden k ein algebraisch abgeschlossener Körper der Charakteristik $p > 0$ und Γ_0/k eine irreduzible, projektive und reguläre Kurve über k vom Geschlecht g. $(P_1^o,\ldots,P_n^o)$ seien n verschiedene k-wertige Punkte von Γ_0/k. Uns interessiert die Struktur der Gruppe $\pi_1^{(p)}(\Gamma_0/k - \{P_1^o,\ldots,P_n^o\})$. Wir beweisen, $\pi_1^{(p)}(\Gamma_0/k - \{P_i^o\})$ hat dieselbe Struktur wie die Gruppe $\pi_1^{(p)}(\Gamma_0/k - \{P_1^o,\ldots,P_n^o\})$ haben würde, wenn k die Charakteristik 0 hätte (p ist dabei eine Primzahl).

Wir behandeln in dieser Vorlesung nur den unverzweigten Fall, wir betrachten also die Gruppe $\pi_1^{(p)}(\Gamma/k)$. (Der verzweigte Fall wird in der nächsten Vorlesung betrachtet.)

Es sei R ein kompletter, diskreter Bewertungsring vom Rang 1 der Charakteristik 0 mit k als Restklassenkörper und Γ/R sei eine irreduzible, projektive und glatte Kurve über R, ebenfalls vom Geschlecht g, so dass die abgeschlossene Faser $\Gamma \times \mathrm{Spec}(k) = \Gamma_0/k$ ist. (Nach Satz (10.1) existiert Γ/R.) K sei der Quotientenkörper von R und $\bar{K}$ sein algebraischer Abschluss. $\Gamma_1 = \Gamma \times \mathrm{Spec}(K)$ sei die allgemeine Faser von Γ/R und $\bar{\Gamma}_1 = \Gamma \times \mathrm{Spec}(\bar{K})$ die Konstantenerweiterung mit $\bar{K}$. Dann gilt der Satz:

<u>(11.4) Satz:</u> Die Gruppen $\pi_1^{(p)}(\bar{\Gamma}_1/\bar{K})$ und $\pi_1^{(p)}(\Gamma_0/k)$ sind kanonisch isomorph.

<u>Beweis:</u> Wir zeigen wieder, dass die Kategorien $\mathcal{E}t^{(p)}(\bar{\Gamma}_1/\bar{K})$ und $\mathcal{E}t^{(p)}(\Gamma_0/k)$ äquivalent

sind. Das ergibt dann nach Vorlesung eins die Isomorphie der Gruppen $\pi_1^{(p)}(\overline{\Gamma}_1)$ und $\pi_1^{(p)}(\Gamma_0)$.

Es sei $\overline{\Gamma}_1' \longrightarrow \overline{\Gamma}_1$ eine irreduzible, galoissche, unverzweigte Überlagerung von $\overline{\Gamma}_1$ vom Grade n prim zu Charakteristik k, welche über $\overline{K}$ definiert ist, $K(\overline{\Gamma}_1) = \overline{F}_1$ sei der Funktionenkörper von $\overline{\Gamma}_1$ und $\overline{K}(\overline{\Gamma}_1') = F_1'$ der Funktionenkörper von $\overline{\Gamma}_1'$. Dann ist $\overline{F}_1'$ eine endliche, galoissche Erweiterung von $\overline{F}_1$ und $\overline{\Gamma}_1'$ ist die Normalisierung von $\overline{\Gamma}_1$ in $\overline{F}_1'$. Wir können annehmen, dass die Überlagerung $\overline{\Gamma}_1'$ schon über dem Körper K definiert ist, dass es also eine Überlagerung Γ_1' von Γ_1/K gibt, so dass die Konstantenerweiterung *) $\Gamma_1' \times \mathrm{Spec}(\overline{K})$ von Γ_1' mit $\overline{K}$ zu $\overline{\Gamma}_1'$ isomorph ist. Ist das nicht der Fall, so erreicht man es durch eine endliche, algebraische Konstantenerweiterung K* von K, denn sicherlich ist $\overline{\Gamma}_1'$ über einem endlichen Erweiterungskörper $K^*(\subseteq \overline{K})$ von K definiert. K* nehme man nun an Stelle von K und für R den Bewertungsring R* von K*, welcher über R liegt.

Dann haben wir das Spezialisierungsdiagramm

$$\begin{array}{ccccc}
\Gamma_1' & & & & \\
\downarrow{\scriptstyle f_1} & & & & \\
\Gamma_1 & \longrightarrow & \Gamma & \longleftarrow & \Gamma_0 \\
\downarrow & & \downarrow & & \downarrow \\
\mathrm{Spec}(K) & \longrightarrow & \mathrm{Spec}(R) & \longleftarrow & \mathrm{Spec}(k)
\end{array}$$

welches durch die Überlagerung $\Gamma_1' \xrightarrow{f_1} \Gamma_1$ mit der Überlagerungsabbildung f_1 ergänzt ist. Wir haben in geeigneter Weise in das Diagramm eine obere Reihe mit den entsprechenden Pfeilen einzufügen. Anbieten tut sich folgendes:

Wir nehmen als Mannigfaltigkeit Γ'/R, welche im Diagramm über Γ stehen soll, die Normalisierung von Γ im Körper $F_1' = K(\Gamma_1')$ und als Morphismus f von Γ' auf Γ die Projektionsabbildung von Γ' auf Γ in das Diagramm auf. Γ' ist ein R-Schema. Man hat

---

*) Konstantenerweiterung ist immer im Sinne des Faserprodukts (Tensoprodukts) gemeint.

Man hat deshalb die abgeschlossene Faser $\Gamma'_0 = \Gamma' \times \mathrm{Spec}(k)$ von Γ'/R zusammen mit dem von f induzierten Morphismus $f_0 : \Gamma'_0 \longrightarrow \Gamma_0$. Diese Mannigfaltigkeiten in das Diagramm aufgenommen ergibt:

$$(*)\qquad \begin{array}{ccccc} \Gamma' \times \mathrm{Spec}(K) \cong \Gamma'_1 & \longrightarrow & \Gamma' & \longleftarrow & \Gamma'_0 = \Gamma' \times \mathrm{Spec}(k) \\ \downarrow f_1 & & \downarrow f & & \downarrow f_0 \\ \Gamma_1 & \longrightarrow & \Gamma & \longleftarrow & \Gamma_0 \\ \downarrow & & \downarrow & & \downarrow \\ \mathrm{Spec}(K) & \longrightarrow & \mathrm{Spec}(R) & \longleftarrow & \mathrm{Spec}(k) . \end{array}$$

Wir bemerken, dass das Diagramm (*) kommutativ ist und dass auch über Γ_1 das Richtige steht: Γ'_1 ist nämlich isomorph zu $\Gamma' \times \mathrm{Spec}(K)$.

Wir beweisen als nächstes, dass man es so einrichten kann, dass die Faser $\Gamma'_0 = \Gamma' \times \mathrm{Spec}(k)$ irreduzibel und reduziert ist.

Es sei P_0 der allgemeine Punkt der abgeschlossenen Faser Γ_0 auf der Kurve Γ/R. Der lokale Ring (O_0, m_0) von P_0 auf Γ/R ist dann ein diskreter Bewertungsring vom Rang 1 mit F_1 als Quotientenkörper, welcher den Ring R umfasst. Weiter ist m_0 vom maximalen Ideal m von R erzeugt.

P'_0 bezeichnet den allgemeinen Punkt einer der irreduziblen Komponenten der abgeschlossenen Faser Γ'_0 der Kurve Γ'/R. (O'_0, m'_0) sei der lokale Ring von P'_0 auf Γ'/R. (O'_0, m'_0) ist ebenfalls ein Bewertungsring vom Rang 1, denn Γ'/R ist normal und P'_0 ist ein Punkt von Kodimension 1 auf Γ'/R. Weiter liegt (O'_0, m'_0) nach Konstruktion über dem Ring (O_0, m_0). Durch eine Konstantenerweiterung des Körpers K kann man nun erreichen, dass (O'_0, m'_0) über $O_0, m_0)$ unverzweigt ist. Denn ist e der Verzweigungsindex von O'_0 über O_0, so ist e prim zu Charakteristik k. (Beachte, e teilt den Grad n der galoisschen Überlagerung $\Gamma' \longrightarrow \Gamma$.) Ist t eine Erzeugende von m_0, welche in R liegt (ein solches t gibt es, da m_0 vom maximalen Ideal m des Ringes R erzeugt wird), so wird der Körper $F_1^* = F_1(\sqrt[n]{t})$ betrachtet, wobei n gleich dem Grad der Überlagerung $\Gamma' \longrightarrow \Gamma$ ist. F_1^* ist eine galoissche Erweiterung von F_1

(beachte, der Körper $K \subset F_1$ enthält die n-ten Einheitswurzeln) und die zum Ring (O_o, m_o) gehörige Bewertung v von F_1 hat genau eine Fortsetzung v^* auf $F_1(\sqrt[n]{t}) = F_1^*$. Bezeichnet $F_1^* \cdot F_1' = F_1'(\sqrt[n]{t})$ das Kompositum von F_1^* und F_1', so ist das eine galoissche Erweiterung von F_1^* in welcher, nach dem Lemma von Abhyankar (vgl. Vorlesung zwei), die Bewertung v^* unverzweigt ist. Beachtet man noch, dass wegen $t \in K$ die Erweiterung F_1^* von F_1 gerade die Konstantenerweiterung von F_1 mit dem Körper $K(\sqrt[n]{t}) = K^*$ ist, so kann man folgendes sagen: Ist R^* die eindeutige Fortsetzung des Bewertungsringes R auf den Körper $K^* = K(\sqrt[n]{t})$ und ist $\Gamma \times \mathrm{Spec}(R^*) = \Gamma^*/R^*$ die Konstantenerweiterung von Γ/R mit R^*, so gilt: Ist $\Gamma^{*\prime}/R^*$ die Normalisierung von Γ^*/R^* im Körper $F_1'(\sqrt[n]{t})$ und ist $\Gamma^{*\prime} \longrightarrow \Gamma^*$ die Überlagerungsabbildung, so ist der allgemeine Punkt der abgeschlossenen Faser $\Gamma^* \times \mathrm{Spec}(k)$ von Γ^*/R in der Überlagerung $f\colon \Gamma^{*\prime} \longrightarrow \Gamma^*$ unverzweigt.

Wenn wir also an Stelle von Γ/R die Konstantenerweiterung Γ^*/R^* nehmen, ist der allgemeine Punkt von $\Gamma_0^* = \Gamma^* \times \mathrm{Spec}(k)$ in der Überlagerung $\Gamma^{*\prime} \longrightarrow \Gamma$ unverzweigt und daher die abgeschlossene Faser $\Gamma^{*\prime} \times \mathrm{Spec}(k)$ von $\Gamma^{*\prime}/R$ reduziert.

Wir können wegen obiger Überlegungen nunmehr annehmen, dass Γ_0' schon reduziert ist und wollen beweisen, dass Γ_0' dann sogar irreduzibel ist.

Wir betrachten dazu wieder die Überlagerung

$$\Gamma' \longrightarrow \Gamma .$$

Diese ist in Kodimension 1 unverzweigt und daher wegen "purity" der Verzweigungsmannigfaltigkeit (vgl. Vorlesung zwei) überhaupt unverzweigt. Man ist daher mit der Überlagerung $\Gamma' \longrightarrow \Gamma$ in der Situation von Satz (9.8). Wir haben dort ausgeführt, dass die Faser Γ_0'/k irreduzibel und regulär ist und dass $\Gamma_0' \longrightarrow \Gamma_0$ eine etale galoissche Überlagerung ist, ebenfalls vom Grade n.

Unsere Überlegungen können wie folgt zusammengefasst werden. Ist $\bar{\Gamma}_1' \longrightarrow \bar{\Gamma}_1$ eine galoissche Überlagerung von $\bar{\Gamma}_1/\bar{K}$ vom Grade n prim zu p = Charakteristik k, so kann man über das Diagramm von Seite 101 eine galoissche Überlagerung vom Grade n konstruieren, welche eindeutig bestimmt ist. (D.h. die Konstruktion ist unabhängig vom Ring R; es genügt dabei zu überlegen, dass Γ_0' sich nicht ändert, wenn man R durch einen endlichen Erweiterungsring ersetzt.)

Wir erhalten deshalb eine Abbildung

$$\phi : \overline{\Gamma}_1' \longrightarrow \Gamma_0'$$

von der Kategorie $Et^{(p)}(\overline{\Gamma}_1/\overline{K})$ in die Kategorie $Et^{(p)}(\Gamma_0/k)$, welche offensichtlich die Eigenschaft hat, dass sie das Kompositum zweier Überlagerungen $\overline{\Gamma}_1'$ und $\overline{\Gamma}_1''$ von $\overline{\Gamma}_1$ auf das Kompositum der Bilder $\phi(\overline{\Gamma}_1')$ und $\phi(\overline{\Gamma}_1'')$ abbildet. Das zeigt, dass ϕ ein injektiver Morphismus zwischen den angegebenen Kategorien ist. Nach Vorlesung neun, Korollar (9.11), ist aber ϕ auch surjektiv. ϕ ergibt also eine Äquivalenz der Kategorien $Et^{(p)}(\overline{\Gamma}_1/\overline{K})$ und $Et^{(p)}(\Gamma_0/k)$ und induziert nach Vorlesung eins einen Isomorphismus $\phi^*: \Pi_1^{(p)}(\Gamma_0/k) \xrightarrow{\sim} \Pi_1^{(p)}(\overline{\Gamma}_1/\overline{K})$. Das beweist Satz (11.4).

<u>Hinweis:</u> Meine Arbeit [27] enthält Fehler. Benutzt man die in [28] angegebene Korrektur, so kann man innerhalb der Spezialisierungstheorie für Funktionenkörper zeigen, dass $\Pi_1^{(p)}(\overline{\Gamma}/\overline{K})$ homomorphes Bild von $\Pi_1^{(p)}(\Gamma_0/k)$ ist. Bei dem in [27] angegebenen Beweis, dass jede irreduzible, etale Überlagerung von Γ_0/k Spezialisierung einer etalen Überlagerung von $\overline{\Gamma}/\overline{K}$ ist, ist eine Lücke enthalten. Es ist (ohne die Grothendieck'sche Deformationstheorie) nicht unmittelbar ersichtlich, dass die Spezialisierung des Zyklus $\mathfrak{z}$ (die Bezeichnungen sind wie in [27], S.120) gerade der Zyklus $\overline{\mathfrak{z}}$ ist. Ein direkter Beweis dieser Tatsache wäre wünschenswert.

Zwölfte Vorlesung

DIE STRUKTUR DES p-PRIMEN TEILS DER FUNDAMENTALGRUPPE EINER IN n PUNKTEN PUNKTIERTEN, PROJEKTIVEN KURVE IN CHARAKTERISTIK $p > 0$.

Wir haben in der vorangehenden Vorlesung schon auseinandergesetzt, wie die Struktur der Fundamentalgruppe einer in n Punkten $P_1,\dots,P_n$ punktierten, irreduziblen, projektiven und regulären Kurve Γ/k über einem algebraisch abgeschlossenen Körper k der Charakteristik 0 aussieht. Es gilt, um es noch einmal zu sagen, $\pi_1(\Gamma-\{P_1,\dots,P_n\})$ hat als profinite Gruppe 2g+n Erzeugende $s_1,t_1,\dots,s_g,t_g, u_1,\dots,u_n$ mit der einzigen Relation $s_1 t_1 s_1^{-1}t_1^{-1}\cdot\ldots\cdot s_g t_g s_g^{-1} t_g^{-1}\cdot u_1\cdot\ldots\cdot u_n = 1$.

Uns interessiert jetzt die Struktur der Fundamentalgruppe einer in n Punkten $P_1^o,\dots,P_n^o$ punktierten, irreduziblen, projektiven und regulären Kurve Γ_o/k über einem algebraisch abgeschlossenen Körper der Charakteristik $p > 0$. Wie in Vorlesung elf angegeben, wollen wir zeigen: Die Struktur des p-primen Teils $\pi_1^{(p)}(\Gamma_o-\{P_1,\dots,P_n\})$ der Fundamentalgruppe $\pi_1(\Gamma_o-\{P_1,\dots,P_n\})$ ist in Charakteristik $p > 0$ dieselbe wie in einer analogen Situation in Charakteristik 0.
Die Situation ist wie folgt:

Γ_o/k sei eine irreduzible, projektive und reguläre Kurve vom Geschlecht g über dem algebraisch abgeschlossenen Körper k der Charakteristik $p > 0$. $P_1^o,\dots,P_n^o$ seien n verschiedene k-wertige Punkte von Γ_o/k. (R,m) sei ein kompletter, diskreter Bewertungsring vom Rang 1 mit k als Restklassenkörper und von Charakteristik 0. Γ/R sei eine irreduzible, projektive und glatte Kurve über dem Ring R vom Geschlecht g, so dass die abgeschlossene Faser $\Gamma\times \mathrm{Spec}(k)$ isomorph zu Γ_o/k ist. (Vgl. Satz (10.1) wegen der Existenz von Γ/R.) Der Quotientenkörper von R sei K und $\bar{K}$ sei der algebraische Abschluss von K. $\Gamma_1=\Gamma\times\mathrm{Spec}(K)$ sei die allgemeine Faser von Γ/R und $\bar{\Gamma}_1=\Gamma\times\mathrm{Spec}(\bar{K})$ die Konstantenerweiterung von Γ/R mit $\bar{K}$. $\bar{\Gamma}_1/\bar{K}$ ist dann eine irreduzible, projektive Kurve vom Geschlecht g. Nach dem Henselschen Lemma (vgl. Seite 93) gibt es R-wertige Punkte $P_1,\ldots,P_n$ der Kurve Γ/R, so dass $P_i \times \mathrm{Spec}(k) = P_i^o$ ist für $i = 1,\ldots,n$. Die Punkte $P_1,\ldots,P_n$ können dann auch als $\bar{K}$-wertige Punkte von $\bar{\Gamma}_1$ aufgefasst werden und sind als solche paarweise verschieden.

Wir beweisen den folgenden Satz

__(12.1) Satz:__ Ist p die Charakteristik von k, so sind die Gruppen

$$\pi_1^{(p)}(\Gamma_o - \{P_1^o,\ldots,P_n^o\}) \text{ und } \pi_1^{(p)}(\bar{\Gamma}_1 - \{P_1,\ldots,P_n\})$$

kanonisch isomorph.

Zum Beweis von Satz (12.1) benötigen wir einige Vorbereitungen.

__(12.2) Proposition:__ In den obigen Bezeichnungen sei Γ/R eine irreduzible, projektive und glatte Kurve über dem Ring R vom Geschlecht g. F_o/k sei der Funktionenkörper der abgeschlossenen Faser Γ_o/k von Γ/R und F_1/K sei der Funktionenkörper der allgemeinen Faser Γ_1/K von Γ/R. $(O_{\Gamma_o},m_{\Gamma_o})$ sei der lokale Ring des allgemeinen Punktes von Γ_o auf Γ/R. $(O_{\Gamma_o},m_{\Gamma_o})$ ist dann ein Bewertungsring in F_1, welcher den Ring (R,m) dominiert und es gilt $m\cdot O_{\Gamma_o} = m_{\Gamma_o}$. $P_1,\ldots,P_n$ seien R-wertige Punkte von Γ/R, so dass die Punkte $P_i^o = P_i \times \mathrm{Spec}(k)$, $i = 1,\ldots,n$ paarweise verschieden sind. (P_i^o sind die Spezialisierungen der Punkte P_i über R.) Weiter sei $n > 2g+2$. Dann gibt es ein Element $t \in O_{\Gamma_o}$, t Einheit in O_{Γ_o}, so dass der durch t definierte Divisor (t) von Γ die folgende Gestalt hat:

$$(t) = Q_1 + \ldots . + Q_n - P_1 - \ldots . - P_n.$$

Dabei sind die Q_i paarweise verschiedene R-wertige Punkte von Γ (also Primdivisoren von Γ/R) mit der Eigenschaft, dass die Spezialisierungen $Q_i \times \mathrm{Spec}(k)$ auch paarweise verschieden sind.

__Beweis:__ $P_1 + \ldots . + P_n = A$ kann als Divisor der Kurve Γ_1/K aufgefasst werden. Der Divisor $P_1^o + \ldots . + P_n^o = A^o$ ist dann die Spezialisierung von A bezüglich des R-Schemas Γ/R. Es sei M(A) der Vielfachermodul von A auf der Kurve Γ_1/K.

Es gilt also $M(A) = \{x \in F_1 ;\ (x) \geq -A\}$.

Nun gilt allgemein: Ist M ein beliebiger endlicher K-Modul in F_1, so wird durch das Schema Γ/R dem Modul M in natürlicher Weise ein k-Modul $\bar{M}$ in F_0 wie folgt zugeordnet. Wir betrachten $M \cap O_{\Gamma_0} = \tilde{M}$. Das ist ein R-Modul. $\bar{M}$ ist dann das Bild von $\tilde{M}$ bei der Restabbildung $O_{\Gamma_0} \longrightarrow O_{\Gamma_0}/m_{\Gamma_0}$. Offensichtlich ist $\bar{M}$ ein k-Modul. Wir zeigen, für jeden endlichen K-Modul M gilt, $\dim_K M = \dim_k \bar{M}$, und tun dies durch Induktion nach der Dimension von M.

Ist dim M = 1, so sei x eine Erzeugende von M über K. Dann gibt es ein $\alpha \in R$, so dass $\alpha \cdot x$ eine Einheit in O_{Γ_0} ist. Da $\alpha \in R$ ist, so ist $\alpha \cdot x \in \tilde{M}$ und daher $\overline{\alpha \cdot x} \neq 0$ eine Erzeugende von $\bar{M}$.

Wir nehmen nun an, dass die Aussage für K-Moduln der Dimension $\leq d-1$ richtig ist und betrachten einen K-Modul M der Dimension d. $N \subset M$ sei ein (d-1) dimensionaler Teilmodul und $\alpha_1, \cdots, \alpha_{d-1}$ seien Elemente aus N, so dass $\bar{\alpha}_1, \cdots, \bar{\alpha}_{d-1}$ eine Basis von $\bar{N}$ über k ist. Es ist zu zeigen, dass es ein $\alpha \in M-N$ gibt, mit $\bar{\alpha} \neq \infty$, so dass die Elemente $\bar{\alpha}_1, \cdots, \bar{\alpha}_{d-1}, \bar{\alpha}$ über k linear unabhängig sind. Es sei $\beta_1 \in M-N$ und $\bar{\beta}_1 \neq 0, \infty$. Ist $\bar{\beta}_1 \in \bar{N}$, so gilt $\bar{\beta}_1 + \sum_{i=1}^{d-1} \bar{a}_{1i} \bar{\alpha}_i = 0$ mit Elementen $\bar{a}_{1i}$ aus k, welche nicht alle 0 sind. Mit einer geeigneten natürlichen Zahl $r_1 \geq 1$ gilt, wenn t eine Erzeugende des maximalen Ideals m von R ist:

$$\beta_2 = t^{-r_1}\left(\beta_1 - \sum_{i=1}^{d-1} a_{1i}\alpha_i\right) \in M,\ \notin N \text{ und } \bar{\beta}_2 \neq 0, \infty,$$

dabei sind die Elemente a_{1i} Urbilder der $\bar{a}_{1i}$ aus R.

Ist $\bar{\beta}_2 \in \bar{N}$, so ist $\bar{\beta}_2 + \sum_{i=1}^{d-1} \bar{a}_{2i} \bar{\alpha}_i = 0$ mit $\bar{a}_{2i} \in k$. Mit einer geeigneten natürlichen Zahl $r_2 \geq 1$ gilt dann

$$\beta_3 = t^{-r_2}\left(\beta_2 - \sum_i a_{2i}\alpha_i\right)$$

oder

$$\beta_1 = \beta_3 t^{r_1+r_2} + \sum_{i=1}^{d-1}(a_{1i} + t^{r_1} a_{2i})\alpha_i \quad ;\ a_{1i}, a_{2i} \in R .$$

Wenn dieses Verfahren nicht nach endlich vielen Schritten zu einem gesuchten α führt, so erhält man eine Relation

$$\beta_1 = \sum_{i=1}^{d-1} \tilde{a}_i \alpha_i$$

wobei die $\widetilde{a}_i = \sum_{\nu \geq 0} a_{\nu i} t^{h_\nu}$ Elemente aus R sind. (Beachte, R ist komplett.) Das widerspricht der Annahme $\beta_1 \notin N$.

Wendet man diese Überlegungen auf den K-Modul $M(A)$ an, so erhält man als Bild davon einen k-Modul $\overline{M(A)}$ mit der Eigenschaft

$$\dim_K M(A) = \dim_k (\overline{M(A)}).$$

Nun sieht man sofort ein, dass $\overline{M(A)} \subseteq M(A^o)$ ist. ($M(A^o)$ = Vielfachenmodul von A^o in F_o/k.)

Da nach dem Riemann-Rochschen Satz die Dimension des K-Moduls $M(A)$ dieselbe ist wie die Dimension des k-Moduls $M(A^o)$, so folgt die Gleichheit

$$\overline{M(A)} = M(A^o).$$

Es sei nun $\bar{t}$ ein Element aus $M(A^o)$, so dass der Hauptdivisor von t auf Γ_o/k die Gestalt hat:

$$(\bar{t}) = Q_1^o + \ldots + Q_n^o - P_1^o - \ldots - P_n^o,$$

wobei die Q_i^o paarweise verschieden sind und verschieden von den Punkten $P_1^o, \ldots, P_n^o$. Die Existenz eines solchen $\bar{t}$ sieht man wie folgt. Die zu dem Linearsystem $M(A^o)$ von Γ_o/k gehörige rationale Abbildung $\psi : \Gamma_o \longrightarrow P^N$ ist eine bireguläre Einbettung von Γ_o/k in einen projektiven Raum. (Beachte, Grad $A^o > 2g+2$ und die Ausführungen in Samuel [33].) Die Elemente aus $M(A^o)$ werden dabei zu Hyperflächenschnitten. Wählt man einen Hyperflächenschnitt, welcher die Punkte $P_1^o, \ldots, P_n^o$ nicht enthält und welcher die Kurve $\psi(\Gamma_o)$ transversal schneidet, so hat das zugehörige Element $\bar{t}$ die gewünschten Eigenschaften. Ist t ein Urbild von $\bar{t}$ in dem Modul $M(A)$, so erfüllt t die Proposition (12.2), wie man sich mit Hilfe des Henselschen Lemma (siehe Seite 93) überlegt.

<u>(12.3) Korollar:</u> Ist $n \leq 2g+2$, so gibt es eine Funktion $t \in F_1$, so dass der Hauptdivisor von t die Gestalt $|t| = Q_1 + \ldots + Q_{n'} - P_1 - \ldots - P_n - P'_{n+1} - \ldots - P'_{n'}$ hat, dabei sind P_i , P'_i , Q_j R-wertige Punkte von Γ/k, so dass die Spezialisierungen $P_i \times \mathrm{Spec}(k)$ und $Q_j \times \mathrm{Spec}(k)$ paarweise verschieden sind.

<u>Beweis:</u> Man hat nur die Punktmenge $P_1,\dots,P_n$ zu einer Punktmenge $P_1,\dots,P_n$, $P'_{n+1},\dots,P'_{n*}$ zu erweitern, so dass $n* > 2g+2$ ist und dass die Bedingungen der Proposition (12.2) erfüllt sind und dann Proposition (12.2) anzuwenden. Man erreicht das Gewünschte z.B. dadurch, dass man die Punkte $P'_i \times \mathrm{Spec}(k)$ paarweise verschieden und verschieden von den Punkten $P_i \times \mathrm{Spec}(k)$ wählt und danach die $P'_i \times \mathrm{Spec}(k)$ zu R-wertigen Punkten von Γ/R hochhebt (mit Hilfe des Henselschen Lemma von Seite 93).

Nun sei t ein Element aus F_1, welches bezüglich des Divisors $P_1 + \dots + P_n$ die Proposition (12.2) oder das Korollar (12.3) erfüllt. m sei eine beliebige natürliche Zahl prim zu Charakteristik k. $L = F_1(\sqrt[m]{t})$ sei der Zerfällungskörper der Gleichung X^m-t. (Beachte, der Ring R enthält die m-ten Einheitswurzeln, da sein Restklassenkörper algebraisch abgeschlossen ist. Deshalb ist X^m-t über F_1 irreduzibel und L/F_1 ist eine galoissche Körpererweiterung mit $\mathbb{Z}/(m)$ als Galoisgruppe.) Ist $\hat{\Gamma}$ die Normalisierung von Γ/R in L so gilt:

<u>(12.4) Proposition:</u> $\hat{\Gamma}$ ist irreduzibel und regulär und als R-Schema aufgefasst glatt (smooth) und eigentlich (proper) über R.

<u>Beweis:</u> $\hat{\Gamma}$ ist als Normalisierung von Γ/R in L ein R-Schema, welches irreduzibel ist. Da $\hat{\Gamma}$ normal ist, sind auf der allgemeinen Faser keine Singularitäten vorhanden. $\hat{\Gamma} \xrightarrow{f} \Gamma$ sei die Überlagerungsabbildung. $\hat{P}$ sei ein Punkt von $\hat{\Gamma}$, welcher auf der abgeschlossenen Faser liegt und $f(\hat{P}) = P$ sei der Bildpunkt auf Γ/R. Ist $\hat{P}$ unverzweigt in der Überlagerung $\hat{\Gamma} \longrightarrow \Gamma$, so ist P regulär auf Γ/R. Im Punkt $P \in \Gamma/R$ kann man dann ein reguläres Parametersystem wählen von der Gestalt (u,r), wobei r eine Erzeugende des maximalen Ideals von R ist. (Man beachte, dass Γ/R glatt und daher die abgeschlossene Faser regulär ist.) Ist P unverzweigt über $\hat{P}$, so folgt daraus, r ist regulärer Parameter von $\hat{P}$ und daher $\hat{P}$ regulärer Punkt der abgeschlossenen Faser $\hat{\Gamma} \times \mathrm{Spec}(k)$. Ist $\hat{P}$ verzweigt in der Überlagerung $\hat{\Gamma} \longrightarrow \Gamma$, so liegt P auf dem Träger des zu t gehörigen Hauptdivisors (t).

Ist P Nullstelle von t, so ist (t,r) (r = Erzeugende des maximalen Ideals von R) ein reguläres System von Parametern im Punkte $P \in \Gamma/R$. $(\sqrt[m]{t},r)$ ist dann nach Lemma (4.2) ein reguläres System von Parametern im Punkte $\hat{P}$ von $\hat{\Gamma}/R$. Das zeigt sowohl, dass $\hat{P}$ regulärer Punkt von $\hat{\Gamma}$ ist, als auch, dass $\hat{P}$ regulärer Punkt der abgeschlossenen Faser von $\hat{\Gamma}$ ist. Ist P Polstelle von t, so schliesst man entsprechend, nur hat man $\sqrt[m]{\frac{1}{t}}$ an Stelle von $\sqrt[m]{t}$ zu nehmen. Wir sehen, die Fasern von $\hat{\Gamma}/R$ sind regulär. Sie sind aber auch geometrisch regulär, denn die allgemeine Faser ist in Charakteristik 0 und die abgeschlossene Faser ist über einem algebraisch abgeschlossenen Körper definiert. Dass $\hat{\Gamma}/R$ flach ist, ist offensichtlich nach Mumford [23], S.426. Also ist $\hat{\Gamma}/R$ glatt. Wir müssen noch zeigen, dass $\hat{\Gamma}/R$ eigentlich (proper) ist. Das ist aber auch klar, denn $\hat{\Gamma} \xrightarrow{f} \Gamma$ ist als endlicher Morphismus eigentlich und Γ/R ist nach Voraussetzung eigentlich und daher auch $\hat{\Gamma}/R$.

Da Γ ganz abgeschlossen und noethersch ist und da die Körpererweiterung L/F_1 separabel ist folgt nach Zariski-Samuel [59,II], S.123 ff, $\hat{\Gamma}/R$ ist projektiv. *)
Das hat einige Konsequenzen:

Zuerst folgt aus dem Zariskischen Zusammenhangssatz (vgl. Vorlesung zwei), dass die abgeschlossene Faser des projektiven R-Schemas $\hat{\Gamma}/R$ zusammenhängend ist. Da wir schon wissen, dass die Fasern regulär sind, folgt daraus weiter, die abgeschlossene Faser von $\hat{\Gamma}/R$ ist irreduzibel.

Nimmt man nun eine projektive Einbettung $\psi: \hat{\Gamma}/R \to P^N/R$ von $\hat{\Gamma}/R$ in einen P^N/R, so folgt aus der Tatsache, dass $\hat{\Gamma}/R$ flach ist, dass die Fasern von $\psi(\hat{\Gamma}/R)$ dasselbe Hilbertsche Polynom besitzen (vgl. Roquette [32]). Da die Fasern aber irreduzibel und regulär sind folgt daraus wegen [68], dass sie sogar dasselbe geometrische Geschlecht haben. $\hat{\Gamma}/R$ ist also eine irreduzible, reguläre und projektive Kurve vom Geschlecht g.

<u>(12.5) Bemerkung:</u> Wenn man nur einsehen möchte, dass die Fasern von $\hat{\Gamma}/R$ dasselbe

*) Einen anderen Beweis der Projektivität von $\hat{\Gamma}/R$ findet man in [68].

geometrische Geschlecht besitzen, so sieht man dies einfacher so: Ist O_{Γ_0} der Bewertungsring vom Rang 1, welcher zur abgeschlossenen Faser Γ_0/k von Γ/R gehört, so besitzt dieser in dem Körper L genau eine Fortsetzung, denn ist O eine beliebige Fortsetzung von O_{Γ_0} auf L, so ist der Restklassenkörper von O gleich dem Körper $F_0(\sqrt[m]{\bar{t}}) = L_0$ und dieser hat den Grad m über F_0. (Beachte, t ist Ortsuniformisierende einer Stelle von F_0/k.) Die eindeutig bestimmte Fortsetzung O von $\hat{O}_{\Gamma_0}$ auf L ist dann auch unverzweigt über F_1. Nach der Riemann-Hurwitz'schen Geschlechtsformel (vgl. Eichler [14]) folgt nun wegen der Wahl von t sofort, dass die Geschlechter der Körper L/K und L_0/k übereinstimmen.

Nun der Beweis von Satz (12.1).

Es ist zuerst wieder ein injektiver Morphismus ϕ : $\mathcal{E}t^{(\varphi)}(\bar{\Gamma}_1/\bar{K} - \{P_1,\ldots,P_n\}) \longmapsto \mathcal{E}t^{(\varphi)}(\Gamma_0/k - \{P_1^0,\ldots,P_n^0\})$ zu konstruieren. Ist $\bar{\Gamma}_1'/\bar{K}$ ein Element aus $\mathcal{E}t^{(\varphi)}(\bar{\Gamma}_1/\bar{K}-\{P_1,\ldots,P_n\})$, so können wir annehmen, dass $\bar{\Gamma}_1'/\bar{K}$ schon über K definiert ist. Andernfalls ist K durch einen endlichen, algebraischen Erweiterungskörper zu ersetzen. Es sei $f: \Gamma_1'/K \longrightarrow \Gamma_1/K$ eine galoissche Überlagerung von Γ_1/K, so dass $\bar{\Gamma}_1'/\bar{K} = \Gamma_1' \times \mathrm{Spec}(\bar{K})$ ist. Der Grad dieser Überlagerung sei m. Wir wählen eine rationale Funktion $t \in F_1$, welche bezüglich der Punkte $P_1,\ldots,P_n$ Proposition (12.2) oder Korollar (12.3) erfüllt und betrachten den Körper $L = F_1(\sqrt[m]{t})$. $\hat{\Gamma}/R$ sei die Normalisierung von Γ/R in L. Nach Proposition (12.4) ist $\hat{\Gamma}/R$ eine irreduzible, projektive und glatte Kurve über R vom Geschlecht g. Es sei $F_1' = K(\Gamma_1')$ der Funktionenkörper von Γ_1'/K und $F_1' \cdot L$ das Kompositum von F_1' und L (alles in dem in Vorlesung eins gewählten Körper Ω). Dann ist $F_1' \cdot L$ eine galoissche Erweiterung des Körpers F_1. G sei die Galoisgruppe von $F_1' \cdot L/F_1$. Es sei Γ^*/R die Normalisierung von Γ/R in $F_1' \cdot L$. Γ^*/R ist dann isomorph zur Normalisierung von $\hat{\Gamma}/R$ in $F_1' \cdot L$. Man hat deshalb das folgende Überlagerungsdiagramm:

$$\Gamma^* \xrightarrow{f_1} \hat{\Gamma} \xrightarrow{f_2} \Gamma .$$

Aus dem Lemma von Abhyankar (vgl. Vorlesung zwei) folgt nun, dass die Punkte der allgemeinen Faser der Überlagerung $\Gamma^* \xrightarrow{f_1} \hat{\Gamma}$ unverzweigt sind. Die Überlagerung $\Gamma^* \longrightarrow \hat{\Gamma}$ ist natürlich auch galoissch von einem Grad prim zu p = Charakteristik k.

Nach Vorlesung elf können wir daher schliessen, dass die abgeschlossene Faser $\Gamma^* \times \mathrm{Spec}(k)$ eine irreduzible, etale Überlagerung von $\hat{\Gamma} \times \mathrm{Spec}(k)$ ist und deshalb auch eine irreduzible, normale Überlagerung von $\Gamma \times \mathrm{Spec}(k)$, welche höchstens in den Punkten $P_1^o, \dots, P_n^o$ verzweigt. Weiter ist die Überlagerung $\Gamma^* \times \mathrm{Spec}(k) \longrightarrow \Gamma \times \mathrm{Spec}(k)$ galoissch mit einer Galoisgruppe, welche zu der Galoisgruppe G von $\Gamma^* \times \mathrm{Spec}(K) \longrightarrow \Gamma \times \mathrm{Spec}(K)$ isomorph ist.

Um letzteres einzusehen bemerken wir, dass aus den obigen Ausführungen folgt, dass der lokale Ring O_{Γ_1} der abgeschlossenen Faser $\Gamma_0 = \Gamma \times \mathrm{Spec}(k)$ auf Γ/R (es ist ein Bewertungsring vom Rang 1) in den Körper $F_1^! \cdot L$ genau eine Fortsetzung hat, welche unverzweigt ist. Das ergibt, dass G die Automorphismengruppe der Körpererweiterung $k(\Gamma^* \times \mathrm{Spec}(k))/k(\Gamma_0)$ ist und dass daher G auch auf $\Gamma^* \times \mathrm{Spec}(k)$ treu operiert.

Es sei nun H diejenige Untergruppe von G, welche Galoisgruppe der Körpererweiterung $F_1^! \cdot L/F_1^!$ ist. Γ^{*H}/R sei das Quotientenschema von Γ^* bezüglich der Gruppe H. Dann ist Γ^{*H} in natürlicher Weise eine galoissche Überlagerung von Γ/R von einem Grad prim zu p = Charakteristik k mit folgenden Eigenschaften: 1) Die allgemeine Faser $\Gamma^{*H} \times \mathrm{Spec}(K)$ ist als Überlagerung von Γ_1/K isomorph zur Überlagerung Γ_1'/K, 2) die abgeschlossene Faser $\Gamma_0^{*H} = \Gamma^{*H} \times \mathrm{Spec}(k)$ ist eine irreduzible, galoissche Überlagerung von Γ_0/k und 3) die Galoisgruppe der Überlagerung $\Gamma_1' \longrightarrow \Gamma_1$ und $\Gamma_0^{*H} \longrightarrow \Gamma_0$ sind isomorph. (Man beachte, dass der Ring O_{Γ_0} in dem Körper $K(\Gamma^{*H})$ genau eine unverzweigte Fortsetzung hat.) Man sieht wegen der Regularität von Γ_0/k auf Γ/R (purity of the branche locus, vgl. Vorlesung zwei), dass $\Gamma_0^{*H} \longrightarrow \Gamma_0$ höchstens in den Punkten $P_1^o, \dots, P_n^o$ verzweigt ist.

Wir definieren deshalb:

$$\phi : \Gamma_1' \longmapsto \Gamma^{*H} \times \mathrm{Spec}(k).$$

Dann überlegt man sich wieder wie in Vorlesung elf, dass ϕ wohldefiniert ist (also unabhängig von endlichen Erweiterungen von R, welche man unter Umständen vornehmen muss), und dass ϕ einen injektiven Morphismus der Kategorie $Et^{(\varphi)}(\overline{\Gamma}_1/\overline{K}-\{P_1,\dots,P_n\})$ in die Kategorie $Et^{(\varphi)}(\Gamma_0/k-\{P_1^0,\dots,P_n^0\})$ ergibt.

Es bleibt zu zeigen, dass dieser Morphismus surjektiv ist. Dazu sei Γ_0' eine normale, galoissche, irreduzible Überlagerung von Γ_0/k von einem Grad m prim zu p, welche höchstens in den Punkten $P_1^0,\dots,P_n^0$ verzweigt. Die Kurve $\hat{\Gamma}/R$ sei wieder wie oben gewählt.

Wir haben das folgende Diagramm:

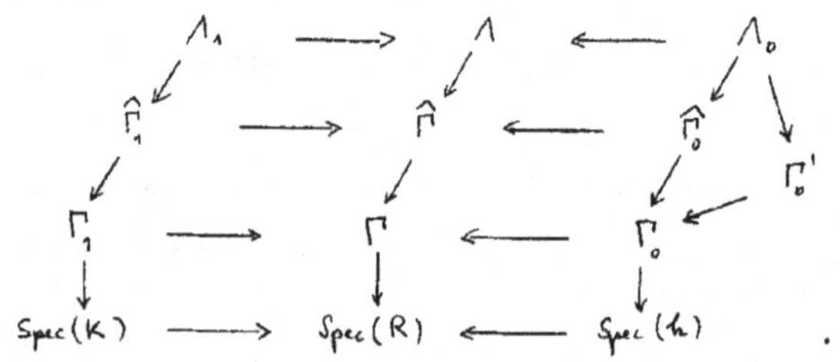

Es sei dann Λ_0 das Kompositum von $\hat{\Gamma}_0$ und Γ_0'. (Λ_0 ist die Normalisierung von Γ_0 in der Körpererweiterung $k(\hat{\Gamma}_0)\cdot k(\Gamma_0')$.) Dann ist Λ_0, als Überlagerung von Γ_0 aufgefasst, galoissch von einem Grad prim zu Charakteristik k, welche nach dem Lemma von Abhyankar (vgl. Vorlesung zwei) als Überlagerung von $\hat{\Gamma}_0$ unverzweigt ist. Nach Satz (9.8) gibt es daher eine irreduzible, unverzweigte, galoissche Überlagerung $\Lambda \longrightarrow \hat{\Gamma}$, welche Λ_0 als abgeschlossene Faser hat. Die allgemeine Faser Λ_1 von Λ/R ist dann eine etale, galoissche Überlagerung von $\hat{\Gamma}_1$, welche über R auf Λ_0/k spezialisiert. Λ/R kann auch als Überlagerung von Γ/R aufgefasst werden. Wir zeigen zuerst, dass die Überlagerung $\Lambda/R \longrightarrow \Gamma/R$ galoissch ist. Annahme, $\Lambda/R \longrightarrow \Gamma/R$ ist nicht galoissch. Dann sei $\tilde{F}$ die galoissche Hülle der Körpererweiterung $K(\Lambda_1)/K(\hat{\Gamma}_1)$. Es ist dann klar, dass $\tilde{F}$ über $K(\Gamma_1)$ einen Grad prim zu p hat. (Das folgt sofort, wenn man beachtet, dass die galoissche Erweiterung $K(\Lambda_1)/K(\hat{\Gamma}_1)$ einen Grad prim zu p hat und dass die Erweiterung $K(\hat{\Gamma}_1)/K(\Gamma_1)$ galoissch ist.) $\tilde{G}$ sei die Galoisgruppe von $\tilde{F}/K(\Gamma_1)$ und $\tilde{\Gamma}/R$ sei die Normalisierung von

Λ/R in $\tilde{F}$. Dann gilt nach dem oben Bewiesenen (vgl. S.111):
Ist $\tilde{\Gamma}_0 = \tilde{\Gamma} \times \mathrm{Spec}(k)$ die abgeschlossene Faser von $\tilde{\Gamma}/R$, so ist $\tilde{\Gamma}_0/k$ eine galoissche Überlagerung von Γ_0/k, ebenfalls mit $\tilde{G}$ als Galoisgruppe. Ist H diejenige Untergruppe von $\tilde{G}$, für welche $\tilde{\Gamma}^H = \Lambda$ ist, so ist H Normalteiler in G, denn die abgeschlossene Faser Λ_0 von Λ ist eine galoissche Überlagerung von Γ_0. Das impliziert aber, dass auch $\Lambda \longrightarrow \Gamma$ galoissch ist.
Nun sei H' diejenige Untergruppe der Galoisgruppe G der Überlagerung $\Lambda_0 \longrightarrow \Gamma_0$, für welche die Quotientenmannigfaltigkeit $\Lambda_0^{H'} = \Gamma_0'$ ist. Ist dann $\Gamma' = \Lambda^{H'}$ die Quotientenmannigfaltigkeit von Λ bezüglich der Automorphismengruppe H', so ist die allgemeine Faser $\Gamma_1' = \Lambda_1^{H'} = \Lambda^{H'} \times \mathrm{Spec}(K)$ eine galoissche Überlagerung von Γ_1, welche auf Γ_0' über R spezialisiert und welche höchstens über den Punkten $P_1,\dots,P_n$ verzweigt ist. Das beweist, dass der Morphismus ϕ surjektiv ist und damit auch Satz (12.1).
Aus dem Beweis von Satz (12.1) folgt sofort

<u>(12.5) Korollar:</u> Es sei k ein algebraisch abgeschlossener Körper und Γ/k eine irreduzible, projektive und reguläre Kurve über k. $P_1,\dots,P_n$ und $Q_1,\dots,Q_n$ seien verschiedene k-wertige Punkte von Γ/k. Dann sind die Gruppen $\pi_1^{(p)}(\Gamma/k - \{P_1,\dots,P_n\})$ und $\pi_1^{(p)}(\Gamma/k - \{Q_1,\dots,Q_n\})$ isomorph.

<u>Beweis:</u> Man wähle in einem geeigneten Erweiterungskörper K von k Punkte $S_1,\dots,S_n$ von Γ mit Koordinaten in K, so dass S_ν nach P_ν und nach Q_ν spezialisiert werden kann. Die Überlegungen im Beweis von Satz (12.1) gestatten dann zu zeigen, dass die Gruppen $\pi_1^{(p)}(\Gamma \times \mathrm{Spec}(\bar{K}) - \{S_\nu\})$ und $\pi_1^{(p)}(\Gamma/k - \{P_\nu\})$ ($\bar{K}$ = algebraischer Abschluss von K) isomorph sind und dass auch die Gruppen $\pi_1^{(p)}(\Gamma \times \mathrm{Spec}(\bar{K}) - \{S_\nu\})$ und $\pi_1^{(p)}(\Gamma/k - \{Q_\nu\})$ isomorph sind. Das beweist das Korollar. Man beachte, dass man dabei die Struktur von $\pi_1^{(p)}(\Gamma/k - \{P_\nu\})$ nicht zu kennen braucht.

Dreizehnte Vorlesung

ANWENDUNGEN DER SÄTZE (11.4) UND (12.1). BESONDERHEITEN BEI WILDER VERZWEIGUNG. BEISPIELE UND ABSCHLIESSENDE BEMERKUNGEN ÜBER ÜBERLAGERUNGEN VON KURVEN.

Der erste und zweite Abschnitt dieser Vorlesung stützt sich wieder auf die Arbeiten von Abhyankar und Zariski. Die im 3. Abschnitt angegebenen Beispiele zeigen, dass die Sätze (11.4) und (12.1) nicht mehr richtig sind, wenn man Erweiterungen zulässt, die einen Grad haben, welcher durch die Charakteristik teilbar ist.

Anwendungen der Sätze (11.4) und (12.1).

In den Vorlesungen elf und zwölf haben wir gezeigt, dass die Gruppe $\pi_1^{(p)}(\Gamma - \{P_1,\ldots,P_n\})$ einer in n-ten Punkten punktierten, irreduziblen, projektiven und regulären Kurve Γ/k endlich erzeugt ist.*) Dieses Ergebnis hat Konsequenzen für die Fundamentalgruppe höher dimensionaler, projektiver Mannigfaltigkeiten, von welchen wir einige anführen.

(13.1) Satz: X/k sei eine irreduzible, projektive und normale Mannigfaltigkeit über dem algebraisch abgeschlossenen Körper k. Dann ist $\pi_1(X)$ als profinite Gruppe endlich erzeugt.

Beweis: Wir führen Induktion nach dim X. Ist dim X = 1 und Charakteristik k = 0, so folgt Satz (13.1) sofort aus dem klassischen Fall. (Vgl. die Ausführungen in Vorlesung elf.) Ist Charakteristik k = p > 0, so benutzt man Satz (9.8) und führt Satz (13.1) auf den Fall der Charakteristik 0 zurück.

---

*) Wenn man die Vorlesungen elf und zwölf genauer betrachtet, so sieht man, dass sogar die Gruppe $\pi_1^{(2)}(\Gamma - \{P_1,\ldots,P_n\})$ endlich erzeugt ist.

Es sei nun dim $X > 1$. Wir nehmen an, dass X in dem P^n/k eingebettet ist. H sei dann eine allgemeine Hyperebene des P^n und $X \cap H = Y$ der Schnitt von X mit H. Dann ist Y eine normale Mannigfaltigkeit über k, welche nach dem Satz von Bertini sogar irreduzibel ist. Ist $X' \xrightarrow{f'} X$ eine irreduzible, etale Überlagerung von X vom Grad m, so ist wieder nach dem Satz von Bertini (vgl. insbesondere die Ausführungen auf Seite 17) die Faser $f'^{-1}(Y) = X' \times Y = Y'$ des Morphismus f' über Y irreduzibel. Nach Seite 78 ist Y' aber auch eine etale Überlagerung von Y vom Grad m, wobei die Überlagerungsabbildung von f' induziert ist. Wir erhalten einen injektiven Morphismus $\phi: X' \longrightarrow X' \times Y = Y'$ von $\mathcal{E}t(X)$ in $\mathcal{E}t(Y)$ und damit einen surjektiven Homomorphismus $\phi^* : \pi_1(Y) \longrightarrow \pi_1(X)$. Das ergibt zusammen mit der Induktionsvoraussetzung die Behauptung von Satz (13.1).

Aus der endlichen Erzeugtheit von $\pi_1(X)$ folgt:

(13.2) Korollar: X/k sei eine irreduzible, projektive und normale Mannigfaltigkeit. G sei eine endliche Gruppe. Die Anzahl der nichtisomorphen, irreduziblen, galoisschen und etalen Überlagerungen von X, welche G als Galoisgruppe haben, ist endlich.

Dieses Ergebnis ist durch Lang-Serre [22] bekannt. Es ist dort bewiesen, ohne dass die komplexe Theorie der Fundamentalgruppen benutzt wird.

(13.3) Bemerkung: In Charakteristik 0 kann man sogar zeigen, dass $\hat{\pi}_1(X)$ endlich erzeugt ist, wenn X eine quasiprojektive, irreduzible und reguläre Mannigfaltigkeit über einem algebraisch abgeschlossenen Körper ist. Wir deuten den Beweis davon hier nur an. Wir betten X in einen projektiven Raum P^n/k ein und betrachten den Abschluss $\bar{X}$ von X in P^n/k. $Y = \bar{X}-X$ sei der Rand von X. Man hat dann durch monoide Transformation $\bar{X}$ so abzuändern, dass das totale reduzierte Bild von Y nur normale Schnitte als Singularitäten hat und dass sich die offene Mannigfaltigkeit X nicht ändert. Das ist in Charakteristik 0 durch Hironaka's Arbeit [64] möglich, in Charakteristik > 0 aber nicht bekannt. Wenn man dann den Satz von Bertini und die Ausführungen in Vorlesung vier benutzt, so kann man mit Hilfe allgemeiner Hyperebenenschnitte alles auf punktierte Kurven zurückführen und die Ausführungen in den Vorlesungen elf und zwölf benutzen.

Interessant ist noch, dass die Fundamentalgruppe einer regulären, projektiven Mannigfaltigkeit eine birationale Invariante ist.

(13.4) Satz: Sei X/k eine irreduzible, projektive und reguläre Mannigfaltigkeit. Y/k sei eine reguläre, projektive Mannigfaltigkeit, welche zu X/k birational isomorph ist. Dann gilt $\pi_1(X) = \pi_1(Y)$.

Beweis: Sei $\varphi : X \longrightarrow Y$ die birationale Abbildung von X nach Y. Ist $X' \xrightarrow{f'} X$ eine irreduzible, etale Überlagerung von X, so ist zu zeigen, dass die Normalisierung Y' von Y im Körper F(X') eine etale Überlagerung von Y ist. Es genügt dabei nach Vorlesung eins nachzuweisen, dass Y' über Y unverzweigt ist. Wäre das nicht der Fall, so wäre in der Überlagerung $Y' \xrightarrow{g'} Y$ Verzweigung in Kodimension 1 vorhanden. (Vgl. Seite 18.) Sei $W \subset Y$ eine irreduzible Komponente der Kodimension 1 der Verzweigungsmannigfaltigkeit der Überlagerung $Y' \xrightarrow{g'} Y$. Dann ist die rationale Abbildung $\varphi : Y \longrightarrow X$ auf W definiert und im allgemeinen Punkt von W biregulär (vgl. [40], S. 22). $\varphi^{-1}(W) = U$ ist eine irreduzible Teilmannigfaltigkeit von X. Die lokalen Ringe von W auf Y und von U auf X stimmen also überein. Ist W in $Y' \xrightarrow{g'} Y$ verzweigt, so folgt, dass auch U in der Überlagerung $X' \xrightarrow{f'} X$ verzweigt ist. (Beachte, man kann die Verzweigung am lokalen Ring ablesen.) Das ist aber nicht der Fall, also ist $Y' \xrightarrow{g'} Y$ unverzweigt und daher etal. Man erhält durch die obigen Überlegungen eine Äquivalenz der Kategorien $\mathcal{E}t(X)$ und $\mathcal{E}t(Y)$ und daraus eine Isomorphie von $\pi_1(X)$ und $\pi_1(Y)$.

Besonderheiten bei wilder Verzweigung.

Es sei k ein algebraisch abgeschlossener Körper der Charakteristik $p > 0$. $k(x)$ sei der rationale Funktionenkörper in einer Variablen über k. Wir betrachten das irreduzible Polynom $Y^p - Y + x \in k(x)[Y]$. Der Zerfällungskörper L von $f(Y)$ ist dann eine galoissche Überlagerung von $k(x)$ vom Grad p, in welcher offensichtlich genau die Polstelle $\mathfrak{y}_\infty$ von x mit Verzweigungsordnung p verzweigt.
Ist nämlich $\mathfrak{y} \neq \mathfrak{y}_\infty$ eine beliebige Stelle von $k(x)$ und ist $x_\mathfrak{y} = a$ der Wert von x bei $\mathfrak{y}$ (es ist dann $a \in k$), so ist das Polynom $Y^p - Y + a$ separabel über k, was zeigt, dass $\mathfrak{y}$ gerade p verschiedene Fortsetzungen auf L hat. Dass $\mathfrak{y}_\infty$ in L verzweigt ist klar.

Geometrisch bedeutet das folgendes:
P^1/k sei die projektive Gerade über k. Dann kann $k(x)$ als Funktionenkörper von P^1/k aufgefasst werden. Es sei Γ die Normalisierung von P^1 in L und $f: \Gamma \longrightarrow P^1$ die Überlagerungsabbildung. Dann ist $f: \Gamma \longrightarrow P^1$ genau in dem zu $\mathfrak{y}_\infty$ gehörigen Punkt von P^1/k verzweigt. Man sieht, in Charakteristik $p > 0$ gibt es Überlagerungen der projektiven Geraden, in welchen nur ein Punkt verzweigt, im Gegensatz zu Charakteristik 0, wo nach Vorlesung acht jede Überlagerung der projektiven Geraden mindestens zwei Verzweigungspunkte hat.

Interessant ist der folgende Satz:

(13.5) Satz: Es sei k ein algebraisch abgeschlossener Körper der Charakteristik $p > 0$. Γ/k sei eine irreduzible, reguläre und projektive Kurve vom Geschlecht g. P^1/k sei die projektive Gerade über k und P ein fest gewählter, k-wertiger Punkt von P^1. Dann gibt es eine Überlagerung $f: \Gamma^* \longrightarrow P^1$ von P^1, so dass gilt:

1. Γ^*/k ist biregulär isomorph zu der vorgegebenen Kurve Γ/k.
2. Die Überlagerung $f: \Gamma^* \longrightarrow P^1$ ist nur im Punkte P verzweigt.

Zum Beweis von Satz (13.5) benötigen wir zwei Hilfssätze.

__(13.6) Lemma:__ Es sei $k(y)$ der rationale Funktionenkörper in einer Variablen über dem Körper k der Charakteristik $p > 0$. Sei $x = y + y^{-p}$. $k(x)$ sei der von x erzeugte rationale Teilkörper von $k(y)$. Dann gilt:

1. $[k(y):k(x)] = p + 1$.
2. $v_\infty : x = \infty$ ist die einzige Bewertung von $k(x)$, welche in $k(y)$ verzweigt.
3. v_∞ spaltet in $k(y)$ in zwei Bewertungen auf, nämlich in $w_0 : y = 0$ und $w_\infty : y = \infty$, dabei gilt für die Verzweigungsindizes $e(w_0 : v_\infty) = p$ und $e(w_\infty : v_\infty) = 1$.

__Beweis:__ Es ist klar, dass das Polynom $F(Y) = Y^{p+1} - Y^p x + 1$ über $k(x)$ irreduzibel ist. Deshalb ist $[k(y) : k(x)] = p + 1$. Nun ist $F'(Y) = (p+1)Y^p$ die Ableitung von $F(Y)$ und daher die Diskriminante von $F(Y)$ gleich 1. Das bedeutet, dass keine Bewertung v von $k(x)$, für welche x endlich ist, in der Körpererweiterung $k(y)/k(x)$ verzweigt. Ist w eine Bewertung von $k(y)$, verschieden von w_0 und w_∞, so folgt aus der Gleichung $x = y + y^{-p}$: $w(x) \geqslant \min(w(y), w(y^{-p})) = 0$, d.h. w_0 und w_∞ sind die einzigen Bewertungen von $k(y)$, welche über der Bewertung v_∞ liegen. Da $\frac{1}{x} = \frac{Y^p}{Y^{p+1}+1}$ ist, folgt $w_0(\frac{1}{x}) = p$, also liegt w_0 über v_∞ und es gilt $e(w_0 : v_\infty) = p$. Schreibt man $\frac{1}{x} = y^p/y^{p+1}+1 = y^{-1}/1+y^{-p-1}$, so sieht man, dass $w_\infty(\frac{1}{x}) = w_\infty(y^{-1}) - w_\infty(1+y^{-p-1}) = 1$ ist und dass daher auch w_∞ über v_∞ liegt.

__(13.7) Lemma:__ $k(y)$ sei ein rationaler Funktionenkörper über dem Körper k der Charakteristik $p > 0$. $w_1,\ldots,w_n$ seien endlich viele k-rationale Bewertungen von $k(y)$. (Der Restklassenkörper der Bewertungen w_i ist also k.) Dann gibt es einen rationalen Teilkörper $k(x)$ von $k(y)$, so dass gilt: Die Bewertung $v_\infty : x = \infty$ von $k(x)$ ist die einzige Bewertung von $k(x)$, welche in $k(y)$ verzweigt und genau die Bewertungen $w_1,\ldots,w_n$ von $k(y)$ liegen über v_∞.

__Beweis:__ Induktion nach n. Ist $n = 1$, so setzt man $k(x) = k(y)$. Es sei deshalb nun $n > 1$. Wir nehmen an, dass das Lemma für $n-1$ richtig ist. Dann gibt es also einen rationalen Teilkörper $k(x^*)$ von $k(y)$, so dass genau die Bewertung $u_\infty : x^* = \infty$ von $k(x^*)$ in $k(y)$ verzweigt ist und dass über ihr die Bewertungen $w_1,\dots,w_{n-1}$ von $k(y)$ liegen. Das Bild w_n der Bewertung w_n von $k(y)$ auf $k(x^*)$ ist dann von u_∞ verschieden und ist k-rational. Ändert man die Variable x^* in linearer Weise ab, so kann man erreichen, dass w_n^* Nullstelle von x^* ist. Nun benutze man Lemma (13.6) um den Beweis zu vervollständigen.

Beweis von Satz (13.5):

$k(\Gamma)$ sei der Funktionenkörper der Kurve Γ/k und y sei eine separierende Transzendente von $k(\Gamma)$, d.h. die Körpererweiterung $k(\Gamma)/k(y)$ ist separabel algebraisch. $w_1,\dots,w_n$ seien die Bewertungen von $k(y)$, welche in $k(\Gamma)$ verzweigen. $k(x)$ sei ein rationaler Teilkörper von $k(y)$, so dass Lemma 2 erfüllt ist bezüglich der Bewertungen $w_1,\dots,w_n$. Dann hat man den folgenden Körperturm: $k(x) \subset k(y) \subset k(\Gamma)$. Fasst man die projektive Gerade P^1/k als Modell des Körpers $k(x)$ auf, so wird die Kurve Γ/k zu einer Überlagerung $\Gamma \xrightarrow{f} P^1$ von P^1/k (die Überlagerungsabbildung wird durch die Einbettung $k(x) \subset k(\Gamma)$ definiert), so dass genau ein Punkt Q von P^1 in Γ verzweigt (es ist der Punkt Q, welcher zur Bewertung v_∞ von $k(x)$ gehört). Es muss aber noch nicht Q = P sein. Das kann man sofort durch einen Automorphismus erreichen. Zunächst gibt es nämlich einen Automorphismus τ von $k(x)$ (oder, wenn man so will von P^1/k), welcher Q in P überführt. Ist Ω die algebraisch abgeschlossene Hülle von $k(x)$, so kann man τ zu einem Isomorphismus von $k(\Gamma)$ in fortsetzen.

L sei das Bild von $k(\Gamma)$ in Ω bei einer solchen Fortsetzung und Γ^* sei die Normalisierung von P^1 in L mit der zugehörigen Überlagerungsabbildung $f^*: \Gamma^* \longrightarrow P^1$. Dann tut Γ^*/k das Gewünschte.

Die Ausführurgen zeigen in Übereinstimmung mit dem am Ende von Vorlesung vier Gesagten, dass bei wilder Verzweigung Dinge zu erwarten sind, welche in Charakteristik 0 nicht auftreten. Das macht die Sache in Charakteristik p interessant und wert eingehender zu untersuchen. Vgl. dazu die Ausführungen in Vorlesung fünfzehn. Einige der angegebenen Ergebnisse gelten auch noch, geeignet abgeändert, für höher dimensionale Mannigfaltigkeiten.

Beispiele und abschliessende Bemerkungen über Überlagerungen von Kurven.

Es sei R ein diskreter, kompletter Bewertungsring vom Rang 1 mit Quotientenkörper K und algebraisch abgeschlossenem Restklassenkörper k. Wir nehmen an, dass Charakteristik K = 0 und Charakteristik k = p > 0 ist.

Γ/R sei eine irreduzible, glatte, projektive Kurve über R vom Geschlecht $g \geq 1$. Γ_1/K sei die allgemeine Faser und Γ_0/k die abgeschlossene Faser von Γ/R. $\bar{K}$ sei der algebraische Abschluss von K und $\bar{\Gamma}_1/\bar{K}$ die Konstantenerweiterung von Γ_1/K mit $\bar{K}$. Aus der Theorie der Kurven (vgl. Serre [37]) weiss man, dass der Grad der maximalen, abelschen, unverzweigten Überlagerung von $\bar{\Gamma}_1/\bar{K}$ vom Exponenten p (d.h. jedes Element der Galoisgruppe dieser Überlagerung hat Ordnung p) gleich p^{2g} ist, nämlich gerade gleich der Anzahl der p-Teilungspunkte der Jacobischen Mannigfaltigkeit von $\bar{\Gamma}_1/\bar{K}$. Der Grad der maximalen, abelschen, unverzweigten Überlagerung von Γ_0/k vom Exponenten p ist gleich p^{γ}, wobei $\gamma \leq g$ ist und gleich der von Hasse und Witt in [71] eingeführten Invariante von Γ_0/k. p^{γ} ist dann die Anzahl der p-Teilungspunkte der Kurve Γ_0/k.

Das zeigt, dass es etale Überlagerungen von $\bar{\Gamma}_1/\bar{K}$ vom Grad p gibt, welche über R im Sinne von Vorlesung elf nicht zu etalen Überlagerungen von Γ_0/k spzialisieren.

Die im folgenden angegebenen Beispiele gehen auf Abhyankar zurück, wir entnehmen sie der Arbeit [15] von Fulton.

(R,m) sei wie oben ein diskreter, kompletter Bewertungsring der Charakteristik 0

mit algebraisch abgeschlossenem Restklassenkörper k der Charakteristik $p > 0$.
K sei der Quotientenkörper von R.
Es sei $P^1 = P^1/R = \mathrm{Proj}(R[X,Y])$ die projektive Gerade über R und F ein irreduzibles, homogenes Polynom aus $R[X,Y,Z]$ der Gestalt

$$F = Z^n + BZ + C,$$

wobei B bzw. C Formen aus $R[X,Y]$ vom Grad $n-1$ bzw. n sind. Dann sei Γ die durch F definierte ebene Kurve über R. Es ist also

$$\Gamma = \mathrm{Proj}(R[X,Y,Z]/(F)).$$

Projeziert man Γ parallel zur Z-Achse auf die Gerade $P^1/R = \mathrm{Proj}(R[X,Y])$, so wird Γ zu einer Überlagerung von P^1/R im Sinne von Definition (1.4), welche auch flach ist. (Sie ist lokal frei vom Grade n.) $f: \Gamma \longrightarrow P^1/R$ sei die Projektionsabbildung.
Die Diskriminante der Überlagerung f ist dann die Form

$$\delta(f) = n^n C^{n-1} + (1-n)^{n-1} B^n$$

im Ring $R[X,Y]$.
Das durch $\delta(f)$ definierte Teilschema von P^1/R ist gerade die Verzweigungsmannigfaltigkeit der Überlagerung $f: \Gamma \longrightarrow P^1/R$.
Es sei nun $n = p+1, \quad B = X \cdot Y^{p-1}, \quad C = p(X^{p+1} + Y^{p+1})$.
Dann ist

$$\delta(f) = p^p\left((p+1)^{p+1}(X^{p+1} + Y^{p+1})^p + (-1)^p (XY^{p-1})^{p+1}\right) = p^p \cdot D(X,Y)$$

und man rechnet sofort nach, dass die Form D modulo p gerade $p(p+1)$ verschiedene Nullstellen in k hat, d.h. die Form D definiert einen Divisor von P^1/R, welcher aus $p(p+1)$ verschiedenen R-wertigen Punkten besteht, welche auch modulo p paarweise verschieden sind.

Ist $F(\Gamma)$ der Funktionenkörper von Γ und Γ^* die Normalisierung von Γ in $F(\Gamma)$, so hat man das Überlagerungsdiagramm

$$\Gamma^* \xrightarrow{f^*} \Gamma \xrightarrow{f} P^1/R.$$

Durch $f \circ f^*$ wird Γ^* zu einer Überlagerung von P^1/R, welche höchstens über den durch δ definierten Divisor von P^1/R verzweigt ist. Die abgeschlossene Faser

$\Gamma^* \times \mathrm{Spec}(k)$ von Γ^* ist aber reduzibel, sie zerfällt in zwei irreduzible Komponenten, eine ist eine Überlagerung von P^1/k vom Grad 1, die andere eine rein inseparable Überlagerung vom Grad p. Um das einzusehen hat man nur zu beachten, dass $\Gamma \times \mathrm{Spec}(k)$ in die durch die Formen Z und $Z^p + XY^{p-1}$ definierten, ebenen Kurven vom $P^2/k = \mathrm{Proj}(k[X,Y,Z])$ zerfällt.

Es sei nun $\tilde{f} : \tilde{\Gamma} \longrightarrow P^1/R$ die kleinste galoissche und normale Überlagerung, welche die Überlagerung $f: \Gamma \longrightarrow P^1/R$ dominiert. Dann ist nach Fulton [15], Par.6.10, die Galoisgruppe von $\tilde{\Gamma} \longrightarrow P^1/R$ die symetrische Gruppe $\mathfrak{S}_{p+1}$. Es sei $\Gamma' \longrightarrow P^1/R$ die Quotientenmannigfaltigkeit von $\tilde{\Gamma}$ nach der alternierenden Gruppe A_{p+1}. Dann ist $\Gamma' \longrightarrow P^1/R$ galoissch und verzweigt über D. Ist Charakteristik $k \neq 2$, so ist darüberhinaus $\Gamma' \longrightarrow P^1/R$ über dem allgemeinen Punkt der abgeschlossenen Faser P^1/k von P^1/R unverzweigt. Betrachtet man die allgemeinen Fasern $\tilde{\Gamma}_1 = \tilde{\Gamma} \times \mathrm{Spec}(K)$ und Γ_1', so folgt, $\tilde{\Gamma}_1$ ist eine Überlagerung von Γ_1', welche nach dem Lemma von Abhyankar sogar etal ist. Man kann aber $\tilde{\Gamma}_1$ sicherlich nicht in regulärer Weise modulo m reduzieren, auch wenn man Konstantenerweiterungen zulässt.

<u>(13.8) Bemerkung:</u> Das eben angeführte Beispiel zeigt, dass ein von uns in [27] angegebener Satz -es handelt sich um Satz 2 von Seite 118- falsch ist. Wie wir in [28], S.35, schon bemerkt haben, muss man dort zusätzlich voraussetzen (die Bezeichnungen sind wie in [27]), dass die Restklassenkörper der Erweiterungen von $\mathfrak{P}$ separabel sind über $K_{\mathfrak{P}}$.

Das folgende Beispiel zeigt, dass die Reduktion auch dann reduzibel werden kann, wenn die Verzweigungspunkte modulo m nicht mehr verschieden sind. Sei n = 2, p > 2, B = 0, C = X(X-pY). Dann ist $\delta(f) = 4 \cdot X(X-pY)$. Die Verzweigungspunkte fallen modulo p zusammen und $\Gamma \otimes_R k$ wird reduzibel, nämlich das Geradenpaar Z^2+X^2.

Im Vorangehenden ist immer die Frage studiert worden, ob eine reguläre Reduktion auf eine Überlagerung fortgesetzt werden kann.

Man kann auch in der anderen Richtung fragen.

Sei X/R ein irreduzibles, glattes R-Schema, R wie oben ein diskreter Bewertungsring vom Rang 1 mit algebraisch abgeschlossenem Restklassenkörper k und Quotientenkorper K. X_1/K sei die allgemeine Faser und X_o/k die abgeschlossene Faser von X/R. G sei eine endliche Gruppe von Automorphismen von X_1/K.

Frage, kann G zu einer Gruppe von Automorphismen von X/R ausgedehnt werden, und wann ist das Quotientenschema $\overset{G}{X}/R$ von X nach G ein glattes R-Schema?

Für Kurven gilt der folgende Satz:

<u>(13.9) Satz:</u> Γ/R sei eine irreduzible, über R glatte, projektive Kurve vom Geschlecht g. G sei eine endliche Gruppe von Automorphismen der allgemeinen Faser Γ_1/K. Dann gilt:

1) G kann zu einer Gruppe von Automorphismen von Γ/R erweitert werden, so dass G auch als Automorphismengruppe auf der abgeschlossenen Faser Γ_o/k von Γ/R treu operiert. (Man kann auch sagen, die Gruppe G von Automorphismen der Kurve Γ/K wird bei regulärer Reduktion isomorph in die Automorphismengruppe von Γ_o/k abgebildet.)

2) Ist die Ordnung G prim zu Charakteristik k und ist G zu einer Gruppe von Automorphismen von Γ/R ausgedehnt, so ist die Quotientenmannigfaltigkeit Γ^G/R ein irreduzibles, glattes und projektives R-Schema. Insbesondere sind die Geschlechter der Fasern von Γ^G/R dieselben.

<u>Beweis:</u> Man hat die Theorie der minimalen Modelle zu benutzen und einfache Überlegungen aus der Reduktionstheorie von Kurven. Wir verweisen auf [31]; dort ist der Beweis durchgeführt.

Satz (13.9) hat folgendes Korollar:

<u>(13.10) Korollar:</u> Ist Γ_1/R eine irreduzible, reguläre, projektive Kurve, so dass die allgemeine Faser Γ_1/K nicht hyperelliptisch ist und die abgeschlossene Faser Γ_0/k hyperelliptisch. Es sei Charakteristik $k \neq 2$. $\tau \neq \mathrm{Id}$ sei der Automorphismus von Γ_0/k, welcher auf dem kanonischen, rationalen Teilkörper von $k(\Gamma_0)$ trivial operiert. G_1 sei die Automorphismengruppe von Γ_1/K. Dann gilt: Die Automorphismen von G_1 spezialisieren zu Automorphismen von Γ_0/k, welche alle von τ verschieden sind.

Der Beweis von Korollar (13.10) ist ebenfalls in [31] durchgeführt.

Vierzehnte Vorlesung

ZURÜCK ZU FLÄCHEN. DAS VERHALTEN VON $\pi_1(X-C)$, WENN DIE KURVE C IN EINER ALGEBRAISCHEN FAMILIE AUF DER FLÄCHE X VARIIERT. ANWENDUNGEN.

Die folgende Vorlesung stützt sich auf [29]. Die Beweise werden zumeist nur skizziert.

Es sei X/k ein irreduzibles, reguläres, projektives Schema der Dimension 2 über dem algebraisch abgeschlossenen Körper k. Wir nennen X/k im folgenden eine projektive Fläche. Die Charakteristik von k sei p.
Es sei S ein irreduzibles, reduziertes k-Schema, welches die Parametermannigfaltigkeit einer Familie von Kurven auf X sein wird.

(14.1) Definition: Eine irreduzible Familie $\mathcal{D}/S$ von Kurven auf X über S ist ein abgeschlossenes Teilschema $\mathcal{D}$ von $S\times X$, welches über S bezüglich der Projektionsabbildung flach ist und welches als S-Schema 1-dimensionale Fasern besitzt.

Es sei $\mathcal{D}/S$ eine Familie von Kurven auf X. s_1 sei der allgemeine Punkt von S und s_0 ein beliebiger k-wertiger Punkt von S. $\overline{\mathcal{D}_{s_1}} = \mathcal{D}\times \mathrm{Spec}(\overline{k(s_1)})$ sei die geometrische Faser über s_1 ($\overline{k(s_1)}$ = algebraischer Abschluss von $k(s_1)$ = Koordinatenkörper von s_1 = Funktionenkörper von S über k.) $\mathcal{D}_{s_0} = \mathcal{D}\times \mathrm{Spec}(k(s_0))$ sei die (geometrische) Faser über s_0. $\overline{\mathcal{D}_{s_1}}$ bzw. $\mathcal{D}_{s_0}$ sind Kurven auf der Fläche X, welche über $\overline{k(s_1)}$ bzw. $k(s_0) = k$ definiert sind.
Wir beweisen die folgenden Sätze:

(14.2) Satz: Sind $\overline{\mathcal{D}_{s_1}}$ und $\mathcal{D}_{s_0}$ reduziert, so ist $\pi_1^{(p)}(X\times \mathrm{Spec}(\overline{k(s_1)}) - \overline{\mathcal{D}_{s_1}})$ in natürlicher Weise homomorphes Bild der Gruppe $\pi_1^{(p)}(X\times \mathrm{Spec}(k(s_0)) - \mathcal{D}_{s_0})$.

(14.3) Satz: Besitzen die Kurven $\mathcal{D}_{s_1}$ und $\mathcal{D}_{s_0}$ äquivalente Singularitäten (was das ist, wird in (14.10) gesagt), so ist der in Satz (14.2) angegebene

Homomorphismus ein Isomorphismus.

(14.4) Bemerkung: Satz (14.2) und Satz (14.3) präzisieren was man algebraisch unter "bewegen" oder "variieren" einer Kurve in einer Familie $\mathcal{D}/S$ zu verstehen hat. Wir führen dies etwas genauer aus:

(14.5) Bemerkung: Für gewisse Familien $\mathcal{D}/S$ der projektiven Ebene P^2/k (S sei reduziert und irreduzibel) gilt folgendes: Ist die allgemeine Faser von $\mathcal{D}/S$ reduziert, so sind alle Fasern, welche über Punkten eines geeigneten, offenen Teilschemas S' von S liegen, ebenfalls reduziert.
Weiter gilt für ein geeignetes, offenes Teilschema S" von S': Ist $s'' \in S''$ und $\mathcal{D}_{s''}$ die Faser über s", so besitzen die allgemeine Faser $\mathcal{D}_{s_1}$ und die Faser $\mathcal{D}_{s''}$ äquivalente Singularitäten. Was in einer solchen Familie $\mathcal{D}/S$ in der allgemeinen Faser passiert, tritt also in den Fasern über einer geeigneten offenen Teilmenge von S auf. (Wahrscheinlich gilt das eben Ausgeführte für beliebige Familien $\mathcal{D}/S$ einer regulären Fläche X. Allerdings bedarf dies eines Beweises.) In speziellen Fasern mag sich die Situation ändern und darin liegt gerade die Bedeutung der angegebenen Sätze. Man erhält dadurch manchmal Kriterien, dass die Gruppe $\pi_1^{(p)}(P^2-C)$ (C eine reduzierte Kurve auf P^2) abelsch ist. Z.B. kann man auf diese Weise zeigen, dass die Gruppe $\pi_1^{(p)}(P^2-C)$ einer irreduziblen Kurve mit nur Knoten als Singularitäten in der projektiven Ebene P^2/k abelsch ist, vorausgesetzt, dass die Anzahl der Knoten gross ist im Vergleich zum Geschlecht von C.
Vgl. die Ausführungen am Ende der Vorlesung.

Zum Beweis der Sätze (14.2) und (14.3) haben wir etwas weiter auszuholen:
Man weiss, es gibt einen kompletten, diskreten Bewertungsring R vom Rang 1 mit algebraisch abgeschlossenem Restklassenkörper und einem k-Morphismus Spec(R) ---> S, so dass das Bild des allgemeinen Punktes von Spec(R) gleich s_1 ist und das Bild des abgeschlossenen Punktes gleich s_0. (Vgl. [29], S.421, wegen

eines Beweises.) Nimmt man den Pullback $\mathcal{D}_R = \mathcal{D}_S \times \mathrm{Spec}(R)$ der Familie $\mathcal{D}/S$ nach Spec(R), so ist $\mathcal{D}_R$ eine Familie von Kurven der Fläche X mit Basis Spec(R).

<u>(14.6) Behauptung:</u> Die Sätze (14.2) und (14.3) können aus den analogen Sätzen für die Familie $\mathcal{D}_R$ gefolgert werden.

Um (14.6) einzusehen benötigt man die folgende Proposition (14.7) auf deren Beweis wir später zurückkommen.

<u>(14.7) Proposition:</u> X/k sei eine irreduzible, reguläre, projektive Fläche über dem algebraisch abgeschlossenen Körper k. C/k sei eine reduzierte Kurve auf X/k. k* sei ein algebraisch abgeschlossener Erweiterungskörper von k und $X^* = X \times \mathrm{Spec}(k^*)$ bzw. $C^* = C \times \mathrm{Spec}(k^*)$ seien die zugehörigen Konstantenerweiterungen von X bzw. C.

Dann gibt es einen natürlichen Isomorphismus:

$$\pi_1^{(p)}(X^* - C^*) \xrightarrow{\sim} \pi_1^{(p)}(X - C).$$

Nimmt man Proposition (14.7) vorweg, so kann man folgendes sagen: Ist $\overline{K}$ der algebraische Abschluss des Quotientenkörpers von R und ist k* der Restklassenkörper von R, so gilt

$$\pi_1^{(p)}(X \times \mathrm{Spec}(\overline{K}) - \mathcal{D}_R \times \mathrm{Spec}(\overline{K})) = \pi_1^{(p)}(X \times \mathrm{Spec}(\overline{k(s_1)}) - \overline{\mathcal{D}}_{s_1})$$

und

$$\pi_1^{(p)}(X \times \mathrm{Spec}(k^*) - \mathcal{D}_R \times \mathrm{Spec}(k^*)) = \pi_1^{(p)}(X \times \mathrm{Spec}(k(s_o)) - \mathcal{D}_{s_o}).$$

Daraus folgt sofort (14.6).

Unsere Überlegungen zeigen, dass wir die folgende Situation zu studieren haben.

(R,m) ein diskreter, kompletter Bewertungsring vom Rang 1 mit algebraisch abgeschlossenem Restklassenkörper k. p sei die Charakteristik von k. (Es ist erlaubt und sogar von besonderem Interesse, dass Charakteristik R = 0 und Charakteristik k = p > 0 ist.) X/R sei ein irreduzibles, glattes (smooth), projektives R-Schema mit 2-dimensionalen Fasern, also eine Fläche über R. K sei der Quotientenkörper von R und $\bar{K}$ der algebraische Abschluss von K. $X_1 = X \times \mathrm{Spec}(K)$ bezeichnet die allgemeine Faser von X/R und $\bar{X}_1 = X \times \mathrm{Spec}(\bar{K})$ die allgemeine geometrische Faser von X/R. $X_o = X \times \mathrm{Spec}(k)$ bezeichnet die abgeschlossene Faser von X/R.

Es sei C/R eine reduzierte, über R flache Kurve der Fläche X/R, d.h. C/R ist ein reduziertes, abgeschlossenes Teilschema von X/R, flach über R mit reinen 1-dimensionalen Fasern. $C_1/K = C \times \mathrm{Spec}(K)$ bezeichnet die allgemeine Faser, $\bar{C}_1 = C \times \mathrm{Spec}(\bar{K})$ die allgemeine geometrische Faser und $C_o = C \times \mathrm{Spec}(k)$ die abgeschlossene Faser von C/R.

Wir nehmen immer an, dass die Kurve C_1/K bei Konstantenerweiterung nicht weiter zerfällt und dass C_o/k reduziert ist.

C_1/K und C_o/k sind dann im üblichen Sinne reduzierte Kurven der Flächen X_1/K und X_o/k.

In der Sprache der Reduktionstheorie, vgl. [13], S.249, bedeutet die angegebene Situation, dass X_o/k die Reduktion der Fläche X_1/k über dem Ring (R,m) ist und weiter, dass auch die Kurve C_o/k Reduktion der Kurve C_1/K über R ist. Unsere Annahme über C_o besagt dann, dass dabei keine mehrfachen Komponenten auftreten. Es ist jedoch erlaubt, dass C_1 reduzibel ist, auch ist es erlaubt, dass die Kurve C_1 bei Reduktion weiter zerfällt.

Was ist der Zusammenhang der Gruppen $\pi_1(X_1-C_1)$ und $\pi_1(X_o-C_o)$?

<u>(14.8) Satz:</u> $\pi_1^{(p)}(\bar{X}_1-\bar{C}_1)$ ist homomorphes Bild von $\pi_1^{(p)}(X_o-C_o)$.

<u>Beweis:</u> Wir zeigen, dass es einen injektiven Morphismus ϕ der Kategorie $\mathcal{E}t^{(p)}(\bar{X}_1-\bar{C}_1)$ in die Kategorie $\mathcal{E}t^{(p)}(X_o-C_o)$ gibt. Dazu sei $\bar{X}_1'$ eine irreduzible, galoissche und normale Überlagerung von $\bar{X}_1$ vom Grade n prim zu p, welche höchstens über $\bar{C}_1$ verzweigt ist.

Wir bemerken, dass man eine beliebige, endliche Erweiterung von R vornehmen kann, ohne dass sich die Voraussetzungen ändern. Das erlaubt uns anzunehmen, dass $\bar{X}_1'$

schon über K definiert ist. Es sei $X_1' \longrightarrow X_1$ eine Überlagerung von X_1/K, so dass $X_1' \times \mathrm{Spec}(\bar{K}) = \bar{X}_1'$ ist. Dann hat man das folgende Spezialisierungsdiagramm:

$$\begin{array}{ccccc} X_1' & & & & \\ \downarrow & & & & \\ X_1 & \longrightarrow & X & \longleftarrow & X_0 \\ \downarrow & & \downarrow & & \downarrow \\ \mathrm{Spec}(K) & \longrightarrow & \mathrm{Spec}(R) & \longleftarrow & \mathrm{Spec}(k) \end{array} ,$$

welches wir geeignet durch eine obere Reihe zu vervollständigen haben. Es bietet sich wieder folgendes an:

Wir nehmen als Schema X', welches über X im Diagramm zu stehen hat, die Normalisierung von X im Funktionenkörper $F_1' = F(X_1')$ und als Morphismus f von X' auf X die Projektionsabbildung. X' ist ein Schema über R; man hat deshalb die abgeschlossene Faser $X_0' = X' \times \mathrm{Spec}(k)$ von X'/R, zusammen mit dem induzierten Morphismus f_0 von X_0' auf X_0. Wir erhalten das kommutative Diagramm:

$$(*) \qquad \begin{array}{ccccc} X_1' & \longrightarrow & X' & \longleftarrow & X_0' \\ \downarrow f & & \downarrow f & & \downarrow f \\ X_1 & \longrightarrow & X & \longleftarrow & X_0 \\ \downarrow & & \downarrow & & \downarrow \\ \mathrm{Spec}(K) & \longrightarrow & \mathrm{Spec}(R) & \longleftarrow & \mathrm{Spec}(k) \end{array}$$

und bemerken, dass in (*) auch über X_1 das Richtige steht. X_1' ist nämlich isomorph zu $X' \times \mathrm{Spec}(K)$.

Wir zeigen, durch eine Erweiterung von R kann man erreichen, dass die Fläche $X_0 = X' \times \mathrm{Spec}(k)$ reduziert und irreduzibel ist. Daraus folgt dann, dass X_0' eine galoissche Überlagerung von X_0 vom Grade n ist, und dass die Galoisgruppen der Überlagerungen $X_1' \xrightarrow{f} X_1$ und $X_0' \xrightarrow{f} X_0$ übereinstimmen.

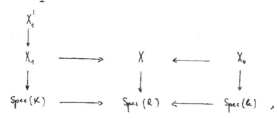

Zunächst folgt nach dem Lemma von Abhyankar (der Schluss ist derselbe wie in Vorlesung elf), dass nach einer geeigneten, endlichen Erweiterung von R die abgeschlossene Faser X_o (genauer des allgemeinen Punktes von X_o) in der Überlagerung $X' \longrightarrow X$ unverzweigt ist. Man kann daher X'_o als reduziert annehmen und es bleibt zu zeigen, dass X'_o irreduzibel ist.

Das folgt aus der Theorie der Fundamentalgruppen für Kurven über Bewertungsringen, welche wir in Vorlesung elf und zwölf behandelt haben und aus dem Satz von Bertini. Wir denken uns X/R in den projektiven Raum P^N/R eingebettet. H sei eine allgemeine Hyperebene des projektiven Raumes P^N/R. Γ sei die Schnittkurve von H mit X. Γ ist dann eine über R glatte irreduzible, projektive Kurve. $\Gamma' = f^{-1}(\Gamma)$ sei das inverse Bild von Γ auf X'. Nach dem Satz von Bertini schliesst man wie in Vorlesung drei, dass die allgemeine Faser von Γ'/R, also auch Γ'/R, irreduzibel ist. Da die allgemeine Faser X_o in $X' \longrightarrow X$ unverzweigt ist folgt, dass auch $\Gamma_o/k = \Gamma \times \mathrm{Spec}(k)$ in der Überlagerung $\Gamma' \longrightarrow \Gamma$ unverzweigt ist. Insbesondere ist deshalb $\Gamma'_o/k = \Gamma' \times \mathrm{Spec}(k)$ reduziert, also ohne mehrfache Komponenten.

Die Irreduzibilität von X_o ist offensichtlich gleichwertig mit der Irreduzibilität von Γ'_o und diese sieht man wie folgt ein:

Wir bemerken, dass die Überlagerung $\Gamma' \longrightarrow \Gamma$ höchstens über dem Punkt des Schemas $\Gamma \cap C = H \cap C$ verzweigt ist. Da H eine allgemeine Hyperebene ist, folgt, dass die allgemeine Faser $(H \cap C) \times \mathrm{Spec}(K)$ von $(H \cap C)/R$ aus d verschiedenen Punkten $P_1, \dots, P_d$ besteht. (d = Grad von C als Teilschema von P^N/R.)

$(H \cap C) \times \mathrm{Spec}(k)$ besteht ebenfalls aus d verschiedenen Punkten $P_1^o, \dots, P_d^o$ und diese sind die Spezialisierung der P_ν über R.

Wir sehen, dass $\Gamma'_1 \longrightarrow \Gamma_1$, Γ'_1 ist die allgemeine Faser von Γ'/R, eine Überlagerung ist, welche höchstens in den Punkten $P_1, \dots, P_n$ verzweigt. Da die Punkte P_ν bei der Spezialisierung über R nicht zusammenfallen, ist man in der Situation von Satz (12.1) und schliesst, dass Γ'_o irreduzibel ist. (Man hat etwas vorsichtig zu sein, denn wir wissen nicht, dass Γ_1' und Γ' normal sind. Um Satz (12.1) anzuwenden hat man deshalb Γ_1' und Γ' (in $F(\Gamma')$) zu normalisieren. Nach Satz (12.1) ist dann die abgeschlossene Faser der Normalisierung von Γ' irreduzibel und daher auch $\Gamma' \times \mathrm{Spec}(k)$.)

Unsere Überlegungen ergeben eine injektive Abbildung

$$\phi : \mathcal{E}t^{(\varphi)}(\bar{X}_1 - \bar{C}_1) \rightsquigarrow \mathcal{E}t^{(\varphi)}(X_o - C_o),$$

welche ein Morphismus ist, da das Kompositum zweier Überlagerungen auf das Kompositum der Bilder abgebildet wird.

Die zu ϕ gehörige Abbildung zwischen den Fundamentalgruppen ergibt dann gerade einen surjektiven Homomorphismus ϕ^*: $\pi_1^{(\varphi)}(X_o - C_o) \longrightarrow \pi_1^{(\varphi)}(\bar{X}_1 - \bar{C}_1)$.

Das beweist Satz (14.8) und wegen (14.6) auch Satz (14.2).

Um Satz (14.3) zu zeigen, haben wir zuerst anzugeben, wann zwei Kurven $\mathcal{D}_1$ und $\mathcal{D}_2$ einer Familie $\mathcal{D}/S$ äquivalente Singularitäten haben.

Wir betrachten zuerst wieder den Spezialfall, dass S das Spektrum eines diskreten (kompletten) Bewertungsringes vom Rang 1 ist.

R sei ein kompletter, diskreter Bewertungsring vom Rang 1 mit algebraisch abgeschlossenem Restklassenkörper. X/R sei eine irreduzible, reguläre und projektive Fläche und C/R eine reduzierte Kurve auf X/R, alles wie auf Seite 128. C_1 und C_o seien die Fasern von C/R. Wir nehmen an, dass C_o reduziert ist.

Man bemerkt folgendes: Ist $P \in C_1$ ein Punkt mit Koordinaten in R, welcher singulär auf C_1 ist, so ist die Reduktion $P \times \mathrm{Spec}(k)$ von P singulärer Punkt auf C_o. (Benutze das Zariski'sche Kriterium.) Wir nehmen weiter an, dass die Koordinaten der singulären Punkte P_ν, $\nu = 1,\dots,s$, der Kurve $C_1 \times \mathrm{Spec}(\bar{K})$ ($\bar{K}$ = algebraischer Abschluss von K) in K liegen. Ist das nicht der Fall, so mache man eine endliche algebraische Erweiterung von K und nehme die entsprechende Erweiterung von R.

Unter diesen Voraussetzungen definieren wir:

(14.9) Definition:*) Wir sagen, die allgemeine Faser C_1/K und die spezielle Faser C_o/k haben äquivalente Singularitäten, wenn gilt:

1) Die Spezialisierung $P_v^\circ = P_v \times \mathrm{Spec}(k)$, $v = 1,\ldots,s$, der singulären Punkte von C_1 sind paarweise verschieden und die Punkte P_v° sind genau die Singularitäten von C_o.

2) Die Kurven C_1 und C_o (aufgefasst als ebene, algebroide Kurven) haben äquivalente Singularitäten im Sinne von Zariski [69] bezüglich der Punktepaare P_v und P_v°, für $v = 1,\ldots,s$.

Vergleiche wegen genauerer Ausführungen [29], S.424.

Äquivalenz für die Singularitäten von Kurven auf einer regulären Fläche X/k, welche in einer irreduziblen Familie $\mathcal{D}/S$ von Kurven von X/k auftreten, definiert man durch Zurückführen auf den obigen Spezialfall wie folgt.
Die Bezeichnungen seien wie auf Seite 126. Es sei $\mathcal{D}_{s_1}$ die allgemeine Faser und $\mathcal{D}_{s_o}$ eine spezielle Faser von $\mathcal{D}/S$. Wir betrachten die auf Seite 126 bezüglich $\mathcal{D}_{s_1}$ und $\mathcal{D}_{s_o}$ konstruierte Kurve $\mathcal{D}_R$ und definieren.

(14.10) Definition: 1) Die Kurven $\mathcal{D}_{s_1}$ und $\mathcal{D}_{s_o}$ der Familie $\mathcal{D}/S$ haben äquivalente Singularitäten, wenn die Fasern der Kurve $\mathcal{D}_R$ nach (14.9) äquivalente Singularitäten haben. 2) Zwei Kurven $\mathcal{D}_1$ und $\mathcal{D}_2$ der irreduziblen Familie $\mathcal{D}/S$ haben äquivalente Singularitäten, wenn beide nach 1) zur allgemeinen Faser $\mathcal{D}_{s_1}$ äquivalente Singularitäten haben.
Definition (14.10) ist unabhängig von dem Ring R.

"Äquivalente Singularitäten" in der Formulierung von Satz (14.3), ist im Sinne von Definition (14.10) gemeint. Beachtet man die Ausführungen auf Seite 127 (insbesondere (14.6)), so genügt es zum Beweis von (14.3) den folgenden Satz zu zeigen:

*) In [29] haben wir statt des Ausdrucks "C_1 und C_o haben äquivalente Singularitäten" den Ausdruck "C_1 und C_o sind äquisingulär" benutzt. In Übereinstimmung mit Zariski [69] sollte man die hier eingeführte Redeweise gebrauchen.

(14.11) Satz: Mit den Bezeichnungen und Voraussetzungen wie in Satz (14.8) gilt: Haben die Kurven C_1 und C_o äquivalente Singularitäten, so ist der in Satz (14.8) angegebene Homomorphismus $\phi^*: \pi_1^{(p)}(X_o-C_o) \longrightarrow \pi_1^{(p)}(\bar{X}_1-\bar{C}_1)$ ein Isomorphismus.

Zum Beweis von Satz (14.11) haben wir die Fläche X/R und die Kurve C/R durch sukzessive, monoidale Transformationen mit den singulären Punkten von C/R als Zentren geeignet zu präparieren. Es gilt (vgl. [29], S.432 ff wegen eines Beweises):

(14.12) Proposition: X/R sei eine glatte, irreduzible, projektive Fläche über dem kompletten, diskreten Bewertungsring R vom Rang 1. C/R sei eine reduzierte, über R flache Kurve auf X und die Fasern C_1 und C_o von C/R haben äquivalente Singularitäten. Dann gilt (wenn man eine geeignete Erweiterung von R macht): Es gibt eine über R glatte, projektive Fläche Y/R und einen birationalen R-Morphismus $\tau: Y \longrightarrow X$, welcher Produkt von monoidalen Transformationen ist, mit folgenden Eigenschaften:

1) Bezeichnet $\tau^{-1}(C/R)$ das volle inverse Bild der Kurve C/R, so induziert τ einen Isomorphismus von Y- $\tau^{-1}(C/R)$ auf X-C.
2) Das reduzierte inverse Bild C'/R der Kurve C/R bei dem Morphismus τ ist Vereinigung von über R glatten Kurven C_i'/R (i = 1,...,r), welche sich transversal schneiden, d.h. nur zwei der Kurven C_i' (i = 1,...,r) haben einen R-wertigen Punkt gemeinsam und der Schnitt ist normal. $P_1,\dots,P_s$ seien die Schnittpunkte der Kurven C_i'.
3) Die abgeschlossenen Komponenten $C_i' \times \mathrm{Spec}(k) = C_{i,o}'$, i = 1,...,r, der Kurven C_i'/R sind paarweise verschieden, irreduzibel und schneiden sich ebenfalls transversal. Weiter sind $P_i \times \mathrm{Spec}(k)$, i = 1,...,s, die einzigen Schnittpunkte der Kurven $C_{i,o}'$. (Beachte, die Punkte $P_i \times \mathrm{Spec}(k)$ sind paarweise verschieden.

Wir wollen zeigen, dass

$$\pi_1^{(p)'}(X_o - C_o) \xrightarrow{\sim} \pi_1^{(p)'}(\overline{X}_1 - \overline{C}_1).$$

Nun ist offensichtlich

$$\pi_1^{(p)'}(\overline{X}_1 - \overline{C}_1) = \pi_1^{(p)'}(Y \times \mathrm{Spec}(\overline{K}) - C' \times \mathrm{Spec}(\overline{K}))$$

und

$$\pi_1^{(p)'}(X_o - C_o) = \pi_1^{(p)'}(Y \times \mathrm{Spec}(k) - C' \times \mathrm{Spec}(k)),$$

denn die Schemata $\overline{X}_1 - \overline{C}_1$ und $Y \times \mathrm{Spec}(\overline{K}) - C' \times \mathrm{Spec}(\overline{K})$ sind isomorph und ebenso die Schemata $X_o - C_o$ und $Y \times \mathrm{Spec}(k) - C' \times \mathrm{Spec}(k)$. ($\overline{X}_1$ bzw. $\overline{C}_1$ sind wieder die allgemeinen geometrischen Fasern von X/R bzw. C/R.) Wir können also, um das Gewünschte einzusehen, die Schemata Y/R und C'/R an Stelle von X/R und C/R betrachten und haben den folgenden Satz zu beweisen. (Beachte, C'/R hat viel handlichere Singularitäten als C/R hat!)

<u>(14.13) Satz:</u> X/R sei eine irreduzible, glatte, projektive Fläche. C/R sei eine reduzierte über R flache Kurve auf X/R, welche die folgenden Bedingungen erfüllt.

1) C/R ist Vereinigung von über R glatten Kurven C_i, $i = 1,\dots,r$, welche sich genau in den R-wertigen Punkten $P_1,\dots,P_s$ transversal schneiden.
2) Die abgeschlossenen Fasern $C_{i,o} = C_i \times \mathrm{Spec}(k)$, $i = 1,\dots,r$, der Kurve C_i/R sind paarweise verschieden, irreduzibel und schneiden sich ebenfalls transversal. Weiter sind $P_j \times \mathrm{Spec}(k)$, $j = 1,\dots,s$, die einzigen Schnittpunkte der Kurve $C_{i,o}$.

Dann gilt: Der in Satz (14.8) angegebene Homomorphismus $\phi^*: \pi_1^{(p)'}(X_o - C_o) \longrightarrow \pi_1^{(p)'}(\overline{X}_1 - \overline{C}_1)$ ist ein Isomorphismus.

Zum Beweis von Satz (14.13) haben wir wieder etwas weiter auszuholen.

Wir wählen Cartier-Divisoren D_i auf X/R, so dass die invertierbaren Garben $\mathcal{L}(D_i)$ und $\mathcal{L}(D_i + C_i)$, $i = 1,\dots,r$, sehr ample auf X bezüglich R sind. (Man benutze für die Existenz dieser Garben das Korollar 4.5.11 aus [19] II, S.87, und die Voraussetzung, dass X/R projektiv ist.) Dann definieren $\mathcal{L}(D_i)$ und

$\mathcal{L}(D_i+C_i)$ über R projektive Einbettungen der Fläche X/R und die Divisoren aus $|D_i|$ bzw. $|D_i+C_i|$ werden zu Hyperebenenschnitten des Bildes von X bei den entsprechenden Einbettungen.

Nach dem Satz von Bertini gilt für eine beliebige, projektive Einbettung ψ von X/R in einen P^N/R, dass ein allgemeiner Hyperebenenschnitt (unter den Hyperebenen des P^N/R sind fast alle in diesem Sinne allgemein) der projektiven Mannigfaltigkeit $\psi(X/R)$ irreduzibel ist, und dass auch die abgeschlossene Faser des Schnittes irreduzibel ist. Ist C/R eine vorgegebene Kurve auf $\psi(X/R)$, so kann man den allgemeinen Hyperebenenschnitt noch so wählen, dass er C/R transversal schneidet und endlich viele vorgegebene Punkte von C/R vermeidet.

Die obigen Überlegungen zeigen die Existenz von paarweise verschiedenen, regulären Primdivisoren D_i^1/R, D_i^2/R, $i = 1,\ldots,r$, von X/R, welche linear äquivalent zu D_i sind und paarweise verschiedenen, regulären Primdivisoren H_i^1/R, H_i^2/R von X/R linear äquivalent zu D_i+C_i, $i = 1,\ldots,r$, so daß die Fasern der Kurve $\bigcup_{i=1}^{r} C_i \cup (\bigcup_{\substack{i=1\\ v=1,2}}^{r} D_i^v) \cup (\bigcup_{\substack{i=1\\ v=1,2}}^{r} H_i^v)$ reduziert sind und als Singularitäten nur transversale Schnitte besitzen. (Daß man die D_i^v bzw. H_i^μ und auch $D_i^v \times \mathrm{Spec}(k)$ bzw. $H_i^\mu \times \mathrm{Spec}(k)$ als Primdivisoren wählen kann, folgt wieder aus dem Satz von Bertini.)

Natürlich sollen die H_i^v, D_i^v so gewählt sein, dass auch die Kurven $D_i^v \times \mathrm{Spec}(k)$ und $H_i^v \times \mathrm{Spec}(k)$ alle verschieden sind, für $i = 1,\ldots,r$, $v = 1,2$.

Wir betrachten rationale Funktionen g_i und h_i^v, $i = 1,\ldots,r$, $v = 1,2$, auf X/R, welche den Divisorgleichungen

$$(g_i) = D_i^1 - D_i^2 \qquad i = 1,\ldots,r$$

$$(h_i^v) = H_i^v - C_i - D_i^v \qquad v = 1,2;\ i = 1,\ldots,r,$$

genügen.

Sind X_o bzw. $(D_i^v)_o$, $(C_i)_o$, $(H_i^v)_o$ die abgeschlossenen Fasern von X/R bzw. der Kurven D_i^v, C_i, H_i^v, $i = 1,\ldots,r$; $v = 1,2$, so bezeichnen $\tilde{g}_i$, $\tilde{h}_i^v$ $(i = 1,\ldots,r;$ $v = 1,2)$ Funktionen aus dem Funktionenkörper $F_o = k(X_o)$ von X_o, welche die

Divisorengleichungen

$$(\tilde{g}_i) = (D_i^1)_o - (D_i^2)_o\,, \qquad i = 1,\ldots,r,$$

$$(\tilde{h}_i^v) = (H_i^v)_o - (C_i)_o - (D_i^v)_o, i = 1,\ldots,r;\ v = 1,2$$

erfüllen.

Es seien r_i natürliche Zahlen, welche zu der Charakteristik von k teilerfremd sind. (Die Zahlen r_i werden später noch geeignet gewählt.)

F sei wieder der Funktionenkörper von X/R und L sei diejenige Körpererweiterung von F, welche man durch Adjunktion einer r_i-ten Wurzel der Elemente g_i, h_i^v, $i = 1,\ldots,r$; $v = 1,2$, erhält. (Man führe die Adjunktion dieser Wurzel in einem festen, algebraisch abgeschlossenen Oberkörper Ω von F aus.) Da der komplette Ring R die r_i-ten Einheitswurzeln enthält (dies folgt aus dem Henselschen Lemma und aus der Tatsache, dass der Restklassenkörper algebraisch abgeschlossen ist), so ist die Erweiterung L/F galoissch. Es bezeichnet X_L/R die Normalisierung der Fläche X/R im Körper L. Entsprechend sei L_o diejenige Körpererweiterung von F_o = Funktionenkörper von X_o/k, welche man durch Adjunktion einer r_i-ten Wurzel aus den Elementen $\tilde{g}_i$, $\tilde{h}_i^v$, $i = 1,\ldots,r$; $v = 1,2$, erhält und X_{L_o} sei die Normalisierung von X_o in L_o.

Dann gilt die folgende Proposition:

<u>(14.14) Proposition:</u>

1) X_L ist, als Überlagerung von X/R aufgefasst, genau in den Kurven H_i^v, C_i, D_i^v, $i = 1,\ldots,r$; $v = 1,2$, verzweigt mit r_i als Verzweigungsindex.
2) Die Fläche X_{L_o} als Überlagerung von X_o ist galoissch und genau in den Kurven $(H_i^v)_o$, $(C_i)_o$, $(D_i^v)_o$, $i = 1,\ldots,r$; $v = 1,2$, verzweigt mit r_i als Verzweigungsindex.
3) Das R-Schema X_L ist glatt über R.
4) Die spezielle Faser $X_L \times \mathrm{Spec}(k)$ von X_L, welche nach 3) regulär ist, ist als Überlagerung von X_o isomorph zu X_{L_o}.

Der Beweis der Proposition (14.14) ist elementar und eine unmittelbare Folge von Lemma (4.2). Vgl. [29], S.439 ff, wegen genauer Ausführungen.

Endlich der Beweis von Satz (14.13).

Wir haben wegen Vorlesung eins zu zeigen, dass der beim Beweis von Satz (14.8) angegebene Morphismus $\phi : \mathcal{E}t^{(\varphi)}(X_1-C_1) \longrightarrow \mathcal{E}t^{(\varphi)}(X_o-C_o)$ surjektiv ist. Es sei X_o' eine irreduzible, normale und galoissche Überlagerung von $X_o = X \times \mathrm{Spec}(k)$ von einem Grad prim zu Charakteristik k, welche nur in der Kurve $C_o = C \times \mathrm{Spec}(k)$ verzweigt. e_i seien die Verzweigungsindizes der Kurven $C_i \times \mathrm{Spec}(k)$ von X_o in X'. (C_i ist eine irreduzible Komponente von C/R.)

Es sei L der auf Seite 136 eingeführte Körper, wobei die dort auftretenden Zahlen r_i jetzt gleich e_i sein sollen, für i = 1,...,r. X_L sei wieder die Normalisierung von X in L. Wir wissen, dass die abgeschlossene Faser $X_L \times \mathrm{Spec}(k) = (X_L)_o \cong X_{L_o}$ von X_L/R ein über k reguläres Schema ist, welches als Überlagerung von $X_o = X \times \mathrm{Spec}(k)$ nur entlang der Kurven $C \times \mathrm{Spec}(k)$, $H_i^\vee \times \mathrm{Spec}(k)$, $D_i^\vee \times \mathrm{Spec}(k)$ mit Verzweigungsindex e_i verzweigt ist, i = 1,...,r. Es sei nun $X_o' \cdot (X_L)_o = U_o$ das Kompositum von X_o' und $(X_L)_o$. Nach dem Lemma von Abhyankar ist U_o als Überlagerung von $(X_L)_o$ aufgefasst, unverzweigt. Andererseits ist das Schema X_L/R als R-Schema eigentlich, denn X_L ist die Normalisierung des regulären, projektiven R-Schemas X/R im Körper L und als solches über R projektiv.

Nach Satz (9.8) gibt es deshalb eine unverzweigte, galoissche Überlagerung U von X_L (alles über R), so dass die abgeschlossene Faser $U \times \mathrm{Spec}(k)$ von U zu U_o isomorph ist.

Offensichtlich ist U_o auch eine galoissche Überlagerung von X_o, welche genau in den Kurven $C_i \times \mathrm{Spec}(k)$, $H_i^\vee \times \mathrm{Spec}(k)$, $D_i^\vee \times \mathrm{Spec}(k)$ verzweigt ist. Es sei $G(U_o/X_o) = G$ die Galoisgruppe von $U_o \longrightarrow X_o$. Auch das oben konstruierte R-Schema U ist in naheliegender Weise eine Überlagerung von X/R, welche nur in den Kurven C_i/R, $H_i^\vee/R$, $D_i^\vee/R$ verzweigt ist.

Wir überlegen uns zuerst, dass U eine galoissche Überlagerung von X ist.

Es sei U^* die kleinste galoissche Überlagerung von X, welche U umfasst und G^* sei die Galoisgruppe von U^*/X. Die Überlagerung U^* ist wieder nur in den Kurven $C_i^\vee$, $H_i^\vee$, D_i verzweigt. Weiter ist der Grad der galoisschen Überlagerung $U^* \longrightarrow X$ prim zu der Charakteristik von k. (Der Schluss ist wie auf Seite 112.) Nach unserem Satz (14.8) ist deshalb (nach einer geeigneten Konstantenerweiterung) die abgeschlossene Faser $U^* \times \mathrm{Spec}(k) = U_0^*$ eine irreduzible, galoissche Überlagerung von $X \times \mathrm{Spec}(k) = X_0$, ebenfalls mit G^* als Galoisgruppe.
Die normalen R-Schemata zwischen U^* und X entsprechen eineindeutig den Untergruppen von G^* in der aus der Galoistheorie für Körper bekannten Weise. Dasselbe gilt für die normalen k-Schemata zwischen U_0^* und X_0. Es sei H_U diejenige Untergruppe von G^*, welche das R-Schema U definiert. Dann definiert aber H_U in der Faser das k-Schema U_0. Da U eine galoissche Überlagerung von X ist folgt, H_U ist Normalteiler von G^*. Das besagt wiederum, dass $U \longrightarrow X$ eine galoissche Überlagerung ist, was zu beweisen war.
Es sei nun G die Galoisgruppe der Überlagerungen $U \longrightarrow X$ und $U_0 \longrightarrow X_0$ und es sei H diejenige Untergruppe von G, welche die Überlagerung X_0' von X_0 definiert. X' sei diejenige Überlagerung von X, welche zu H gehört, H nun als Untergruppe der Galoisgruppe $G(U/X)$ aufgefasst. Wir behaupten, dass die allgemeine Faser $X_1' = X' \times \mathrm{Spec}(K)$ von X' als Überlagerung von $X \times \mathrm{Spec}(K) = X_1$ nur in der Kurve $C' \times \mathrm{Spec}(K)$ verzweigt ist und dass X' bei der Abbildung ϕ von Seite 131 die Überlagerung X_0' von X_0 als Bild hat.
Das ist aber fast offensichtlich, denn $U \longrightarrow X$ ist nur in den Kurven $H_i^\vee$, $D_i^\vee$, C_i verzweigt, also ist $X' \longrightarrow X$ höchstens in den Kurven $H_i^\vee$, $D_i^\vee$, C_i verzweigt. Die Kurven $H_i^\vee$, $D_i^\vee$ kommen aber als Verzweigungskurven von $X_1' \longrightarrow X_1$ nicht in Frage, weil die Überlagerung $X_0' \longrightarrow X_0$ dann in den Kurven $H_i^\vee \times \mathrm{Spec}(k)$, $D_i^\vee \times \mathrm{Spec}(k)$ verzweigt wäre. $X_1' \longrightarrow X_1$ ist höchstens in der Kurve C verzweigt. Dass dann

$\phi(X') = X'_o$ gilt ist unmittelbar ersichtlich. Das beweist Satz (14.13) und auch die anderen angeführten Sätze.

Wir haben noch die Proposition (14.7) zu beweisen:

Offensichtlich ergibt die Konstantenerweiterung mit Spec(k*) einen injektiven Morphismus von $Et^{(p)}(X-C)$ in $Et^{(p)}(X^*-C^*)$. Wir haben zu zeigen, dass dieser Morphismus surjektiv ist.

Wir betrachten zuerst den Spezialfall, dass die Kurve C/k nur normale Schnitte als Singularitäten hat. F = F(X) sei der Funktionenkörper der Fläche X/k und F* = k*(X) der Funktionenkörper von X*/k. X*'/k* sei eine irreduzible, galoissche und normale Überlagerung von X*/k mit F*' als Funktionenkörper, welche nur entlang $C_\lambda \times$ Spec(k*) = C^*_λ verzweigt ist, mit Verzweigungsindex r_i. Dann sei L der auf Seite 136 definierte Erweiterungskörper von F (es ist wesentlich, dass wir F nehmen und nicht F*), wobei die Zahlen r_i, welche in die Definition von L eingehen, die Verzweigungsindizes der Kurve $C_i \times$ Spec(k*) in der Überlagerung X*' ⟶ X* sein sollen (C_i sind die irreduziblen Komponenten von C.)

(Die Bezeichnungen von Seite 136 sind etwas zu ändern um unsere Situation herzustellen, z.B. ist statt des Ringes R von dort der Körper k zu nehmen usw..)

X_L sei die Normalisierung von X in L. X_L ist nach Proposition (14.14) eine reguläre, projektive Fläche.

Wir betrachten den Körper L·k* = L*. Das ist ein galoisscher Erweiterungskörper von F* und die Normalisierung $X^*_{L^*}$ von X* in L* ist isomorph zur Konstantenerweiterung von X_L mit k*, es gilt also $X^*_{L^*} = X_L \times$ Spec(k*). Insbesondere ist $X^*_{L^*}$ regulär und projektiv über k*.

Nach dem Lemma von Abhyankar (vgl. Vorlesung zwei) schliesst man wegen der Regularität von $X^*_{L^*}$, dass das Kompositum U* = X*'· $X^*_{L^*}$ der Überlagerungen X*' und $X^*_{L^*}$ von X*' als Überlagerung von $X^*_{L^*}$ betrachtet, etal ist. Da $X^*_{L^*}$ die

Konstantenerweiterung von X_L mit Spec(k*) ist, so folgt nach Satz (9.7), es gibt eine etale Überlagerung U/k von X_L, so dass $U \times \mathrm{Spec}(k^*) = U^*$ ist.
Da U* als Überlagerung von X* galoissch ist folgt, dass auch die oben angegebene Überlagerung U eine galoissche Überlagerung von X ist und dass die Galoisgruppen von $U^* \longrightarrow X^*$ und $U \longrightarrow X$ übereinstimmen.
Es sei H diejenige Untergruppe der Galoisgruppe von $U^* \longrightarrow X^*$, welche die Überlagerung $X^{*\prime} \longrightarrow X^*$ beschreibt, d.h. $X^{*\prime}$ ist die Quotientenmannigfaltigkeit von U* nach H, und X' sei die Normalisierung von X im Fixkorper $F(U)^H$ der Gruppe H, H nun als Untergruppe von G(U/X) aufgefasst. Dann überlegt man sich sofort, dass $X^{*\prime}$ die Konstantenerweiterung von X' mit Spec(k*) ist und dass die Überlagerung $X' \longrightarrow X$ nur in den Kurven C_i verzweigt ist. Damit ist die Proposition (14.7) in diesem Spezialfall bewiesen.
Der allgemeine Fall kann jetzt mit Hilfe der Proposition (14.12) durch Überlegungen, wie sie schon auf Seite 134 vorkommen, auf den obigen Spezialfall zurückgeführt werden. Wir verzichten hier auf die Ausführung dieses Schlusses.

Anwendungen:

C sei eine vorgegebene, irreduzible Kurve der projektiven Ebene P^2/k. $\mathcal{D}/S$ sei eine irreduzible Familie von Kurven aus P^2 mit den folgenden drei Eigenschaften.

a) C ist in $\mathcal{D}/S$ als reduzierte Kurve enthalten.

b) C und die allgemeine Faser $\mathcal{D}_{s_1}$ von $\mathcal{D}/S$ haben äquivalente Singularitäten im Sinne von Definition (14.10).

c) Es gibt eine reduzierte Kurve C_0 in $\mathcal{D}/S$, so dass $\pi_1^{(p)}(P^2-C_0)$ abelsch ist.

Dann schliesst man aus den Sätzen (14.2) und (14.3), die Gruppe $\pi_1^{(p)}(P^2-C)$ ist abelsch.
Für eine vorgegebene irreduzible Kurve Γ der projektiven Ebene P^2/k, welche nur Knoten als Singularitäten hat, kann man ein algebraisches System von ebenen

Kurven angeben, welches bezüglich Γ die Eigenschaften a) und b) hat. Hat Γ darüberhinaus "viele" Knoten (wir präzisieren das weiter unten), so enthält dieses System alle reduzierten Kurven Σ, welche in lauter Geraden in allgemeiner Lage zerfallen (nur zwei der Geraden der Kurve Σ haben einen Punkt gemeinsam). Nach Vorlesung drei ist aber $\pi_1^{(\varphi)}(P^2-\Sigma)$ abelsch, falls Σ eine Kurve ist, welche aus n Geraden in allgemeiner Lage besteht. Das ergibt:

<u>(14.15) Satz:</u> Γ/k sei eine irreduzible Kurve auf P^2/k mit nur Knoten, aber vielen Knoten, als Singularitäten. Dann gilt: $\pi_1^{(\varphi)}(P^2-\Gamma)$ ist abelsch und daher nach Vorlesung fünf isomorph zu $\mathbb{Z}/n'$, n' = reduzierter Grad von Γ.

Wir führen das noch genauer aus:

ℓ sei ein beliebiger Körper. $\Gamma = \Gamma_{n,d}$ sei eine irreduzible Kurve in der Ebene P^2/ℓ vom Grade n mit genau d Knoten als Singularitäten.

Alle ebenen Kurven vom Grade n, welche über dem Körper ℓ definiert sind, können in funktorieller Weise mit den ℓ-wertigen Punkten des projektiven Raumes $P^N/\mathbb{Z}$ ($\mathbb{Z}$ die ganzen Zahlen) der Dimension $N = \frac{n(n+3)}{2}$ identifiziert werden. (Zu einer ebenen Kurve Σ/ℓ vom Grade n nehme man ein Σ definierendes Polynom f vom Grade n mit Koeffizienten aus ℓ. Die Koeffizienten dieses Polynoms sind die Koordinaten des zu Σ in P^N gehörigen ℓ-wertigen Punktes.)

$V_{n,d}$ sei die kleinste abgeschlossene, algebraische Mannigfaltigkeit des P^N, welche diejenigen Punkte von P^N enthält, die zu den irreduziblen, ebenen Kurven vom Grade n gehören, mit genau d Knoten als Singularitäten.

Von der Mannigfaltigkeit $V_{n,d}$ ist folgendes bekannt; vgl. [70] und [73].

1) $V_{n,d}$ ist über den ganzen Zahlen $\mathbb{Z}$ definiert und die irreduziblen Komponenten von $V_{n,d}$ sind alle von der Dimension N-d. (N-d ist genauer die Faserdimension von $V_{n,d}/\mathbb{Z}$.)
2) Der allgemeine Punkt einer irreduziblen Komponenten von $V_{n,d} \subset P^N/\mathbb{Z}$ gehört zu einer irreduziblen Kurve vom Grade n mit genau d Knoten als Singularitäten.

3) Die Mannigfaltigkeit $V_{n,d}$ enthält alle diejenigen Punkte von P^N, welche zu ebenen Kurven gehören, die in n Geraden in allgemeiner Lage zerfallen.

Wenn wir einsehen könnten, dass die Mannigfaltigkeit $V_{n,d}$ über $\mathbb{Z}$ irreduzibel ist, so würden die Eigenschaften 2) und 3) von $V_{n,d}$, zusammen mit den Sätzen (14.2) und (14.3) sofort ergeben: Ist Charakteristik $k = 0$ und ist $\Gamma/k \subset P^2/k$ einer irreduziblen Knotenkurve, so ist $\pi_1(P^2 - \Gamma)$ abelsch und damit isomorph zu $\mathbb{Z}/(n)$, n = Grad von Γ.
Wir können den folgenden Satz zeigen.

<u>(14.16) Satz:</u> Ist $n > 2g+2$, so ist die Mannigfaltigkeit $V_{n,d}$ über $\mathbb{Z}$ irreduzibel. (Es ist $g = \frac{(n-1)(n-2)}{2} - d$ = Geschlecht von $\Gamma_{n,d}$.)

<u>(14.17) Bemerkung und Definition:</u> Nach der bekannten Formel für das Geschlecht g einer irreduziblen, ebenen Kurve folgt für die Anzahl d der Knoten einer irreduziblen, ebenen Knotenkurve vom Grad n: $d = \frac{(n-1)(n-2)}{2} - g$. Wir sagen, eine Knotenkurve hat <u>"viele" Knoten</u>, wenn $d > 2g^2$, oder damit gleichwertig, wenn $n > 2g+2$ ist.

Beim Beweis von Satz (14.16), den wir hier nicht durchführen (siehe [29], S. 447, wegen Einzelheiten), sind zwei Dinge wesentlich.

1) Die Modulmannigfaltigkeit $M_g/\mathbb{Z}$ für Kurven vom Geschlecht g ist über $\mathbb{Z}$ irreduzibel. (Das ist durch Teichmüller's Arbeiten bekannt.)
2) Ist $n > 2g+2$, so gibt es einen surjektiven Morphismus eines offenen Teils von $V_{n,d}$ auf einen offenen Teil M_g. (Für kleine n ist das nicht immer richtig.)

Die Bedingung 2) ist es, welche gestattet, aus der Irreduzibilität von M_g die Irreduzibilität von $V_{n,d}$ zu schliessen. Sicherlich kann die Zahl n und damit die Anzahl der Knoten von Γ (g ist fest) noch verkleinert werden, ohne dass dabei die Bedingung 2) verloren geht und der in [29] angegebene Beweis der Irreduzibilität von $V_{n,d}$ hinfällig wird. Es genügt wahrscheinlich $n > g+1$ zu fordern.

Wir haben schon darauf hingewiesen, dass aus der Irreduzibilität von $V_{n,d}/\mathbb{Z}$ sofort folgt, dass $\pi_1(P^2-\Gamma) = \mathbb{Z}/(n)$ ist, falls Γ/k eine irreduzible Knotenkurve vom Grade n ist mit "vielen" Knoten und falls Charakteristik k = 0 ist.

Es bleibt der Fall Charakteristik $k = p > 0$ zu betrachten.

Γ/k sei eine irreduzible Knotenkurve in P^2/k mit vielen Knoten als Singularitäten über dem algebraisch abgeschlossenen Körper k der Charakteristik $p > 0$. d sei die Anzahl der Knoten von Γ_0/k. R sei ein diskreter Bewertungsring vom Rang 1 mit k als Restklassenkörper und Charakteristik R = 0. K sei der Quotientenkörper von R und $\bar{K}$ der algebraische Abschluss von K. Γ/R sei eine Knotenkurve in P^2/R, so dass $\Gamma \times \mathrm{Spec}(k) = \Gamma_0/k$ ist und die allgemeine geometrische Faser $\Gamma \times \mathrm{Spec}(\bar{K})$ ebenfalls d Knoten als Singularitäten hat. (Benutze Satz (10.3) für die Existenz von Γ/R.)

Nach den Sätzen (14.8) und (14.11) gilt dann:

$$\pi_1^{(p)}(P^2/k-\Gamma_0) \xrightarrow{\sim} \pi_1^{(p)}(P^2/\bar{K}-\Gamma \times \mathrm{Spec}(\bar{K})).$$

Da Charakteristik $\bar{K} = 0$ ist, folgt nach dem Vorangehenden:

$$\pi_1^{(p)}(P^2/\bar{K}-\Gamma \times \mathrm{Spec}(\bar{K})) = \mathbb{Z}/(n')$$

(n' = reduzierter Grad von $\Gamma \times \mathrm{Spec}(\bar{K})$) und daher Satz (14.16) auch in Charakteristik $p > 0$.

Es ist nicht schwer die folgende Verallgemeinerung von Satz (14.16) einzusehen.

<u>(14.18) Satz:</u> Ist $\Gamma = \Gamma_1 \cup \cdots \cup \Gamma_r$ eine Kurve in P^2/k mit nur Knoten als Singularitäten und hat jede der irreduziblen Komponenten Γ_i von Γ "viele" Knoten als Singularitäten, so ist $\pi_1^{(p)}(P^2-\Gamma)$ abelsch und daher die Struktur durch Vorlesung fünf bestimmt.

Fünfzehnte Vorlesung

EINIGE OFFENE FRAGEN.

1) Es sei X/k eine irreduzible, projektive und reguläre Mannigfaltigkeit der Dimension $r \geqslant 3$ über dem algebraisch abgeschlossenen Körper k der Charakteristik $p \geqslant 0$. C/k sei eine reduzierte Teilmannigfaltigkeit von X/k der reinen Kodimension 1, also eine reduzierte Hyperfläche von X. H sei eine allgemeine Hyperfläche eines P^n, in welchem X eingebettet werden kann. $Y = X \cap H$ und $D = C \cap H$ seien die Schnittmannigfaltigkeiten von X bzw. C mit H. Dann ist Y eine irreduzible, reguläre Mannigfaltigkeit der Dimension $r-1$ und D eine reduzierte Hyperfläche von Y.

Frage: Unter welchen Voraussetzungen über H sind die Kategorien $\mathcal{E}t^{(p)}(X-C)$ und $\mathcal{E}t^{(p)}(Y-D)$ äquivalent und damit die Gruppen $\pi_1^{(p)}(X-C)$ und $\pi_1^{(p)}(Y-D)$ isomorph ?

Die Äquivalenz zwischen den Kategorien sollte dabei durch die Faserproduktbildung $X' \mapsto X' \times_X Y$ gegeben sein, X' eine Überlagerung aus $\mathcal{E}t^{(p)}(X-C)$.

Insbesondere sei $X = P^r$ der projektive Raum über dem algebraisch abgeschlossenen Körper k der Dimension $r \geqslant 3$. C^{r-1} sei eine reduzierte Hyperfläche im P^r/k. $H = P^{r-1}$ sei eine allgemeine Hyperebene des P^r und $C^{r-2} = H \cap C^{r-1}$ sei der Schnitt von H mit C^{r-1}. C^{r-2} ist dann eine reduzierte Hyperfläche in dem projektiven Raum P^{r-1}.

Zeige: (*) Die Gruppen $\pi_1^{(p)}(P^r-C^{r-1})$ und $\pi_1^{(p)}(P^{r-1}-C^{r-2})$ sind isomorph.

Diese Aussage ist von Zariski in [52] als Satz angegeben worden, wenn k der komplexe Zahlkörper ist. Allerdings ist, nach einer Mitteilung von Professor Zariski, in dem angegebenen Beweis eine Lücke enthalten.

Wir haben in [30] gezeigt, dass in Charakteristik 0 die oben formulierte Frage eine positive Antwort hat, wenn man für H eine Hyperfläche nimmt, welche durch die Singularitäten von C^{r-1} in geeigneter Weise geht. Der oben angegebene Satz (*) konnte in [30] nicht bewiesen werden. Natürlich wäre ein

Beweis wünschenswert. Man könnte daran denken, den Satz zuerst in Charakteristik 0 zu beweisen, in dem man die komplexe Topologie benutzt und den Satz von Seifert-Van Kampen (vgl. [35], S.211) und ihn dann auf Charakteristik $p > 0$ durch Reduktion zu übertragen.

Interessante Anwendungen des Satzes (*) zeigt die Arbeit [56] von Zariski.

Man vergleiche auch die Ausführungen in Grothendieck [18] zu diesem Problem. Grothendieck hat unter anderem gezeigt, dass für eine reguläre, irreduzible und projektive Mannigfaltigkeit X/k der Dimension $\geqslant 3$ über einem algebraisch abgeschlossenen Körper k und für einen allgemeinen Hyperflächenschnitt Y von X die Gruppen $\pi_1(X)$ und $\pi_1(Y)$ isomorph sind.

2) Die Ausführungen in 1) zeigen, dass die Frage nach der Struktur von $\pi_1(X-C)$ (X eine irreduzible, reguläre und projektive Mannigfaltigkeit der Dimension $\geqslant 3$) oft durch Hyperflächenschnitte auf eine entsprechende Frage für offene Flächen zurückgeführt werden kann. Es ist deshalb von besonderem Interesse, die Struktur von $\pi_1(X-C)$ zu bestimmen, wenn X eine reguläre Fläche ist und C eine reduzierte Kurve auf X.

Insbesondere interessiert wieder die Struktur von $\pi_1(P^2-C)$, C eine reduzierte ebene Kurve. In diesem Zusammenhang ist auf die Arbeit [51] von Zariski hinzuweisen, wo unter anderem folgende Frage betrachtet und mit Hilfe topologischer Methoden, beantwortet wird:

$P^2/\mathbb{C}$ sei die projektive Ebene über dem komplexen Zahlkörper, $C/\mathbb{C}$ sei eine reduzierte Kurve in P^2. Wie ändert sich $\pi_1(P^2-C)$, wenn C in einer stetigen Familie von ebenen Kurven variiert ?

Vorlesung vierzehn steht in engem Zusammenhang mit der Arbeit [51] von Zariski und gibt in Übereinstimmung mit Zariski eine Antwort auf die gestellte Frage. Vgl. die Sätze (14.2) und (14.3).

Als Anwendung der Sätze (14.2) und (14.3) haben wir in Vorlesung vierzehn gezeigt, dass $\pi_1^{(p)}(P^2-C)$ abelsch und daher isomorph zu $\mathbb{Z}/(n')$ (n'=reduzierter Grad von C) ist, falls C eine irreduzible Knotenkurve ist, welche "viele" Knoten als Singularitäten hat.

Andererseits folgt aus Vorlesung sechs, dass für eine irreduzible Knotenkurve im P^2 vom Grade n, für welche die Anzahl der Knoten $\leq \frac{n^2+3n-4}{6}$ ist, die Gruppe $\pi_1^{(p)}(P^2-C)$ ebenfalls isomorph zu $\mathbb{Z}/(n')$ ist, n' = reduzierter Grad von C. Beide Methoden erlauben es jedoch nicht zu entscheiden, ob $\pi_1^{(p)}(P^2-C)$ zyklisch ist, wenn C eine irreduzible Knotenkurve ist der Ordnung 8 mit 15 Knoten als Singularitäten. (Es folgt aus Severi [70], Anhang F, dass solche Kurven existieren.)

<u>Zeige:</u> $\pi_1^{(p)}(P^2-C)$ ist abelsch, falls C eine beliebige, ebene Knotenkurve ist.

Dies würde folgen, wenn man zeigen könnte, dass die Mannigfaltigkeit $V_{n,d}$ der Knotenkurven vom Grad n mit d Knoten (vgl. Vorlesung vierzehn und [29], S.449) irreduzibel ist. Q. Edmunds hat in [65] unabhängig davon zeigen können, dass jede galoissche, etale Überlagerung von P^2-C, C eine irreduzible Knotenkurve, mit einer auflösbaren Galoisgruppe notwendig zyklisch ist.

3) Untersuche die Struktur von $\pi_1(P^2-C)$, wenn C eine irreduzible Kurve des P^2 ist, welche nur Knoten und Spitzen als Singularitäten hat (alles über einem algebraisch abgeschlossenen Körper).

Das ist deshalb wichtig, weil eine allgemeine Projektion einer regulären, irreduziblen Fläche auf den P^2 in einer irreduziblen Kurve verzweigt ist, welche nur Knoten und Spitzen als Singularitäten hat. J. Roberts wird in Kürze einen Beweis dieses Ergebnisses, welches auf Segre zurückgeht, veröffentlichen. Damit verbunden ist die interessante Frage, welche irreduziblen Kurven eines festen Grades mit vorgegebener Anzahl von Knoten und Spitzen existieren können. Vgl. dazu [47].

Interessant ist natürlich auch zu untersuchen, was die Struktur von $\pi_1(P^2-C)$ ist, wenn C eine Kurve mit nur gewöhnlichen Singularitäten ist. Für welche

Kurven dieses Typs ist $\pi_1(P^2-C)$ abelsch, vielleicht für alle Kurven dieser Art ?

4) Welche irreduzible, reguläre und projektive Mannigfaltigkeiten X/k (k ein algebraisch abgeschlossener Körper) haben eine abelsche Fundamentalgruppe ? Mat hat wegen der Ergebnisse von Grothendieck [18] vorallem zu entscheiden, welche irreduzible, reguläre und projektive Flächen eine abelsche Fundamentalgruppe haben.

5) Man finde auf algebraischem Wege die "kanonischen Erzeugenden" der Fundamentalgruppe $\pi_1(P^1 - \{P_1,\dots,P_{n+1}\})$, wenn P^1/k die projektive Gerade über dem algebraisch abgeschlossenen Körper k der Charakteristik 0 ist und zeige, dass $\pi_1(P^1 - \{P_1,\dots,P_{n+1}\})$ frei ist vom Rang n. $(P_1,\dots,P_{n+1})$ sind verschiedene k-wertige Punkte von P^1/k.

In Vorlesung acht haben wir auseinandergesetzt, dass es genügt, das Problem für $n+1 = 3$ zu lösen.

Wir weisen noch darauf hin, dass man nach den Überlegungen der Vorlesung fünf kanonische Erzeugende für die Faktorkommutatorgruppe von $\pi_1(P^1 - \{P_1,\dots,P_{n+1}\})$ hat und dass die Faktorkommutatorgruppe frei ist vom Rang n.

6) Untersuche die Struktur von $\pi_1(P^1/k - \{P\})$, wenn k ein algebraisch abgeschlossener Körper der Charakteristik $p > 0$ ist. In Vorlesung dreizehn ist gezeigt worden, dass jede irreduzible, reguläre Kurve Γ/k bis auf Isomorphie als etale Überlagerung von $P^1/k - \{P\}$ vorkommt. Sind die endlichen Faktorgruppen von $\pi_1(P^1 - \{P\})$ gerade diejenigen Gruppen, welche von ihren p-Sylowgruppen erzeugt werden ?

7) Zeige, dass jede Kurve Γ/k in Charakteristik $p > 0$ einen universellen Verzweigungsort besitzt. (k ist ein algebraisch abgeschlossener Körper der Charakteristik $p > 0$.) Es ist also zu zeigen, dass es endlich viele k-wertige

Punkte P_i von Γ/k gibt, so dass jede Überlagerung von Γ/k isomorph ist zu einer Überlagerung von Γ, welche höchstens in den Punkten P_i verzweigt.
Für rationale Kurven ist das nach Vorlesung dreizehn richtig. Ein universeller Verzweigungsort ist dort ein Punkt.

8) Beschreibe die Struktur von $\pi_1(\Gamma/k)$ einer regulären Kurve Γ/k über einem endlichen Körper k.
Es sei k ein endlicher Körper und K/k ein Funktionenkörper einer Variablen mit Konstantenkörper k. Γ/k sei eine reguläre Kurve mit K/k als Funktionenkörper. $\mathcal{E}t(\Gamma/k)$ sei die Kategorie der etalen Überlagerung von Γ/k. (Beachte, dass sich der Konstantenkörper k ändern kann.) $\pi_1(\Gamma/k)$ sei die Fundamentalgruppe von Γ/k. Es sei $\bar{k}$ der algebraische Abschluss von k und $\Gamma \otimes \bar{k} = \bar{\Gamma}/\bar{k}$ die Konstantenerweiterung von Γ/k mit $\bar{k}$. $\pi_1(\bar{\Gamma}/\bar{k})$ ist die in der Vorlesung elf studierte Fundamentalgruppe der Kurve $\bar{\Gamma}/\bar{k}$. $G(\bar{k}/k)$ sei die Galoisgruppe der Erweiterung $\bar{k}/k$. Diese ist zyklisch mit einer Erzeugenden, nämlich des Frobenius der Erweiterung $\bar{k}/k$. Man hat dann die folgende exakte Sequenz:

$$1 \longrightarrow \pi_1(\bar{\Gamma}/\bar{k}) \longrightarrow \pi_1(\Gamma/k) \longrightarrow G(\bar{k}/k) \longrightarrow 1.$$

Nun kennt man durch die Reduktionstheorie Erzeugende der Gruppe $\pi_1(\bar{\Gamma}/\bar{k})$. Weiter überlegt man sich, dass $G(\bar{k}/k)$ semidirekter Faktor zu $\pi_1(\bar{\Gamma}/\bar{k})$ in $\pi_1(\Gamma/k)$ ist. Die Struktur von $\pi_1(\Gamma/k)$ ist daher bekannt, wenn man weiss wie der Frobenius auf den Erzeugenden von $\pi_1(\bar{\Gamma}/\bar{k})$ operiert.
Aufgabe: Beschreibe die Operation des Frobenius auf den Erzeugenden von $\pi_1(\bar{\Gamma}/\bar{k})$.

9) In Zusammenhang mit Problem 8) ist folgendes von Interesse:
Sei $K = k(x)$ der rationale Funktionenkörper einer Variablen über dem endlichen Körper k. $\tilde{K}$ sei der separable Abschluss von k(x) prim zu p = Charakteristik k. (Die endlichen Körpererweiterungen von k(x) in $\tilde{K}$ haben also alle einen Grad

prim zu p.) Man bestimme die Struktur der Galoisgruppe $G(\widetilde{K}/K)$.

Ist $\bar{k}$ der algebraische Abschluss von k in $\widetilde{K}$, so hat man den Körperturm

$$\widetilde{K} \supset \bar{k}(x) \supset k(x) = K$$

und daraus die folgende exakte Sequenz von Galoisgruppen

$$1 \longrightarrow G(\widetilde{K}/\bar{k}(x)) \longrightarrow G(\widetilde{K}/k(x)) \longrightarrow G(\bar{k}/k) \longrightarrow 1.$$

Wieder ist $G(\bar{k}/k)$ zyklisch mit einer Erzeugenden, dem Frobenius, und $G(\bar{k}/k)$ ist wieder semidirekter Faktor zu $G(\widetilde{K}/\bar{k}(x))$ in $G(\widetilde{K}/k(x))$.

Die Gruppe $G(\widetilde{K}/\bar{k}(x))$ kennt man nach den Ausführungen der Vorlesung zwölf, sie ist frei und man hat zu jeder Bewertung von $\bar{k}(x)$ eine "kanonische Erzeugende", welche im Sinne von Vorlesung zwölf von Charakteristik 0 kommt.

<u>Aufgabe:</u> Beschreibe die Operation des Frobenius aus $G(\bar{k}/k)$ auf den kanonisch Erzeugenden von $G(\widetilde{K}/\bar{k}(x))$.

Dazu ist folgendes zu bemerken. Der Frobenius aus $G(\bar{k}/k)$ operiert als Permutation auf den $\bar{k}$-wertigen Punkten von $\mathrm{Spec}(\bar{k}[x])$ und dadurch auf den Bewertungen von $\bar{k}(x)$. Operiert der Frobenius in entsprechender Weise als Permutation auf den zu den Bewertungen gehörigen kanonischen Erzeugenden ?

Die eben aufgeworfene Frage hat eine Analogie in der Zahlentheorie, auf welche wir hinweisen wollen.

Der Körper $k(x)$ entspricht dem rationalen Zahlkörper $\mathbb{Q}$. Für $\bar{k}(x)$ hat man den Kronecker'schen Körper $\mathcal{K}$ zu nehmen, welcher aus $\mathbb{Q}$ durch Adjunktion aller Einheitswurzeln entsteht. $\widetilde{K}$ entspricht dem algebraischen Abschluss $\overline{\mathbb{Q}}$ von $\mathbb{Q}$.

Zu dem Körperturm $\mathbb{Q} \subset \mathcal{K} \subset \overline{\mathbb{Q}}$ gehört dann die folgende exakte Sequenz von Galoisgruppen

$$1 \longrightarrow G(\overline{\mathbb{Q}}/\mathcal{K}) \longrightarrow G(\overline{\mathbb{Q}}/\mathbb{Q}) \longrightarrow G(\mathcal{K}/\mathbb{Q}) \longrightarrow 1.$$

Die Gruppe $G(\overline{\mathbb{Q}}/K)$ sollte in Analogie zum Funktionkörperfall frei sein vom Rang $\aleph_0$. Das ist nicht bekannt. Nach Iwasawa [66] weiss man darüber nur, dass die Galoisgruppe der maximalen auflösbaren Erweiterung von K die freie, pro-auflösbare Gruppe vom Rang $\aleph_0$ ist. Auch ist nicht bekannt wie die Gruppe $G(K/\mathbb{Q})$ auf $G(\overline{\mathbb{Q}}/K)$ operiert.

Die angegebene Analogie zwischen dem Körper $\mathbb{Q}$ und einem rationalen Funktionenkörper einer Variablen $k(x)$ über einem endlichen Körper k, ist vor allem wegen neuerer Ergebnisse von Herrn Neukirch über die Struktur von $G(\overline{\mathbb{Q}}/\mathbb{Q})$ interessant. Neukirch hat in [67] unter anderem den folgenden Satz bewiesen:

K_1 und K_2 seien zwei endliche Zahlkörper in $\overline{\mathbb{Q}}$. $G(\overline{\mathbb{Q}}/K_1) = G_1$ bzw. $G(\overline{\mathbb{Q}}/K_2) = G_2$ seien die Galoisgruppen der Erweiterungen $\overline{\mathbb{Q}}/K_1$ bzw. $\overline{\mathbb{Q}}/K_2$. Dann gilt: Sind die profiniten Gruppen G_1 und G_2 isomorph, so sind auch die Körper K_1 und K_2 isomorph.

<u>Aufgabe:</u> Beweise den entsprechenden Satz für den Körper $k(x)$, k ist endlich.

Nach einer Mitteilung von Herrn Neukirch ist darüber nur folgendes bekannt: Seien L_1 und L_2 endliche, algebraische Körpererweiterungen von $k(x)$ in $\widetilde{K}$, so dass die Gruppen $G(\widetilde{K}/L_1)$ und $G(\widetilde{K}/L_2)$ isomorph sind. Dann sind die zu den Körpern L_1 und L_2 gehörigen Jacobischen Mannigfaltigkeiten isogen.

Literatur:

[1] S. Abhyankar, Tame coverings and fundamental groups of algebraic varieties. Part I: Branch loci with normal crossings. Am. Journal of Math. 81 (1959), S.46-94.

[2] ___ Part II: Branch curves with higher singularities. ibid, 82 (1960), 120-178.

[3] ___ Part III: Some other sets of condition for the fundamental group to be abelian. ibid, 82 (1960), 179-190.

[4] ___ Part IV: Product theorems. ibid. 82 (1960), 341-364.

[5] ___ Part V: Three cuspidal plane quartics. ibid. 82 (1960), 365-373.

[6] ___ Part VI: Plane curves of order at most four. ibid. 82 (1960), 374-388.

[7] ___ Ramification theoretic methods in algebraic geometry. Annals of Math. Studies, 43 (1959).

[8] ___ On the ramification of algebraic functions. Am. Journal of Math. 77 (1955), 575-592.

[9] ___ Ramification and Resolution. Congress in Algebraic Geometry. Madrid 1965.

[10] N. Bourbaki, Algèbre commutative, V. Hermann, Paris 1964.

[11] C. Chevalley, Introduction to the theory of algebraic functions of one variable. Math. Surveys 6. Published by Am. Math. Soc. 1951.

[12] W.-L. Chow, On the principal of degeneration in algebraic geometry. Ann. of Math. 66 (1957), 70-79.

[13] M. Deuring, Zur arithmetischen Theorie der algebraischen Funktionenkörper. Math. Ann. 106 (1932), 77-106.

[14] M. Eichler, Einführung in die Theorie der algebraischen Zahlen und Funktionen. Basel 1963.

[15] W. Fulton, Hurwitz schemes and irreduzibility of moduli of algebraic curves. Ann. of Math. 90 (1969), 542-575.

[16] H. Grauert und R. Remmert, Drei Arbeiten in Comptes Rendus de L'Academie des Sciences, Paris, Band 245 (1957), 819-822, 822-885, 918-921.

[17] A. Grothendieck, Séminaire de géométrie algébrique, 1960-61.

[18] ___ Séminaire de géométrie algébrieque 1962.

[19] ___ Éléments de géométrie algébrique. I, II, usw..

[20] ___ Géométrie formelle et géométrie algébriques. Séminaire Bourbaki 182 (1959), 1-28.

[21] W. Krull, Der allgemeine Diskriminantensatz. Math. Zeitschrift 45 (1939),1-19.

[22] S. Lang et J.P. Serre, Sur les revêtments non ramifiés des variét és algébriques. Am. Journal of Math. 79 (1957), 319-330.

[23] D. Mumford, Introduction to algebraic geometry. Lecture notes, Harvard University.

[24] J.P. Murre, Introduction to Grothendieck's theory of the fundamental group. Lecture notes Tata Institut 1967.

[25] M. Nagata, Remarks on a paper of Zariski on the purity of branch loci. Proc. Nat. Acad. Sci. USA 44 (1958), 796-799.

[26] H. Popp, Zur Reduktionstheorie algebraischer Funktionenkörper vom Transzendenzgrad 1: Existenz einer regulären Reduktion zu vorgegebenem Funktionenkörper als Restklassenkörper. Archiv der Math. 17 (1966), 510-522.

[27] ____ Über die Fundamentalgruppe einer punktierten Riemannschen Fläche bei Charakteristik p > 0. Math. Zeitschrift 96 (1967), 111-124.

[28] ____ Über das Verhalten des Geschlechts eines Funktionenkörpers einer Variablen bei Konstantenreduktion. Math. Zeitschrift 106 (1968),17-35.

[29] ____ Über die Fundamentalgruppe 2-dimensionaler Schemata. Instituto Nazionale die Alta Matematica. Symposia Mathematica. Vol. II (1970), 403-451.

[30] ____ Ein Satz vom Lefschetz'schen Typ über die Fundamentalgruppe quasiprojektiver Schemata. Math. Zeitschrift 116 (1970), 143-152.

[31] ____ Stratifikation von Quotientenmannigfaltigkeiten (in Charakteristik 0) und insbesondere der Modulmannigfaltigkeiten für Kurven. Erscheint im Crelle Journal.

[32] P. Roquette, Zur Theorie der Konstantenreduktion algebraischer Mannigfaltigkeiten. Journal f.d.r.u.a. Math. 200 (1958), 1-43.

[33] P. Samuel, Old and new results on algebraic curves. Lecture notes Tata Institut 1966.

[34] ____ Méthodes d'algèbre abstraite en géométrie algébriques. Ergebnisse der Math. und ihrer Grenzgebiete, Heft 4, Springer Verlag (1955).

[35] H. Schubert, Topologie. Teubner, Stuttgart 1964.

[36] J.P. Serre, Corps loceaux. Hermann, Paris 1962.

[37] ____ Group algébrique et corps de classes. Hermann, Paris 1959.

[38] ____ On the fundamental group of a unirational variety. Journal London Math. Soc. 34 (1959), 481-484.

[39] ____ Revêtments ramifiés du plan projectif. Sém. Bourbaki 204 (1959/60).

[40] I.R. Safarevic, Lectures on minimal models and birational transformations of two dimensional schemes. Lecture notes, Tata Institut 1966.

[41] ____ On p-extensions. Am. Math. Soc. Translations 2, No. 4 (1956), 59-72.

[42] G. Shimura, On the theory of automorphic functions. Ann. of Math. 70 (1959), 101-144.

[43] B.L. van der Waerden, Algebra I. Springer 1955.

[44] ____ Algebra II.

[45] A. Weil, Foundations of algebraic geometry. Am. Math. Soc. Coll. Publ. 39 (1962).

[46] H. Weyl, Die Idee der Riemannschen Flächen. Teubner, Stuttgart 1955.

[47] O. Zariski, Algebraic surfaces, New York, 1948.

[48] ____ On the purity of the branch locus of algebraic functions. Proc. Nat. Acad. Sci. USA (1958), 781-796.

[49] ____ Theory and applications of holomorphic functions on algebraic varieties over arbitrary ground fields. Mem. Am. Math. Soc. 5, 1951.

[50] ____ Introduction the the problem of minimal models in the theory of algebraic surfaces. Pub. of the Math. Soc. of Japan 4, 1958.

[51] ____ On the problem of existence of algebraic functions of two variables posessing a given branch curve. Am. Journal of Math. 51 (1939), 305-328.

[52] ____ A theorem on the Poincare group of an algebraic hypersurface. Ann. of Math. 38 (1937), 131-141.

[53] ____ On the modulo of algebraic functions posessing a given monodromie group. Am. Journal of Math. 52 (1930), 150-170.

[54] ____ On the non existence of curves of order 8 with 16 cusps. Am. Journal of Math. 53 (1931), 309-318.

[55] ____ On the topology of algebroid singularities. Am. Journal of Math 54 (1932), 453-465.

[56] ____ On the Poincare group of rational plane curves. Am. Journal of Math. 58 (1936), 607-619.

[57] ____ The topological discriminant group of a Riemann surface of genus p. Am. Journal of Math. 59 (1937), 335-358.

[58] W. Krull, Galoissche Theorie bewerteter Körper, Sitzungsbericht Bayer. Akad. d. Wiss. (1930), 225-238.

[59] O. Zariski and P. Samuel, Commutative Algebra I, II. Van Nostrand Company 1958.

[60] S. Abhyankar, On the ramification of algebraic functions, Part. II. Transactions of Am. Math. Soc. 89 (1958), 310-324.

[61] ___ Coverings of algebraic curves. Am. Journal of Math. 79 (1957), 825-856.

[62] B. Huppert, Endliche Gruppen I. Springer Verlag 1967.

[63] N. Bourbaki, Algebre commutative III. Hermann, Paris 1961.

[64] H. Hironaka, Resolution of singularities of an algebraic variety over a field of characteristic zero I, II. Annals of Math. 79 (1964), 109-326.

[65] Q. Edmunds, Coverings of node curves. Journal of the London Math. Soc. Ser. 2, Vol. 1 (1969), 473-479.

[66] K. Iwasawa, On solvable extensions of algebraic number fields. Annals of Math. 58 (1953), 548-572.

[67] J. Neukirch, Kennzeichnung der p-adischen und der endlichen algebraischen Zahlkörper. Inventiones Mathematicae 6 (1968/69), 296-314.

[68] S. Lichtenbaum, Curves over discrete valuation rings. Am. Journal of Math. 90 (1968), 38P-405.

[69] O. Zariski, Studies in equisingularities I. Equivalent singularities of plane algebroid curves. Am. Journal of Math. 87 (1965), 507-536.

[70] F. Severi, Vorlesungen uber algebraische Geometrie. Leipzig 1921.

[71] H. Hasse und E. Witt, Zyklische unverzweigte Erweiterungskörper vom Primzahlgrad p über einem algebraischen Funktionenkörper der Charakteristik p. Monatsh. Math. Phys. 43 (1936), 477-492.

[72] O. Zariski, Pencils on an algebraic variety and a new proof of a theorem of Bertini. Trans. Am. Math. Soc. 50 (1941), 48-70.

[73] B.L. van der Waerden, Zur algebraischen Geometrie XI. Math. Annalen 114 (1937), 683-699.